SCHÄFFER
POESCHEL

Klaus Koziol/Waldemar Pförtsch/
Steffen Heil/Kathrin Albrecht

Social Marketing

Erfolgreiche Marketingkonzepte
für Non-Profit-Organisationen

Herausgegeben vom Institut für Social Marketing

Unterstützt durch die Medienstiftung
der Diözese Rottenburg-Stuttgart

2006
Schäffer-Poeschel Verlag Stuttgart

Bibliografische Information Der Deutschen Nationalbibliothek
Die Deutsche Nationalibliothek verzeichnet diese Publikation in der Deutschen Nationalbibliografie;
detaillierte bibliografische Daten sind im Internet über http://dnb.d-nb.de abrufbar.

Gedruckt auf chlorfrei gebleichtem, säurefreiem und alterungsbeständigem Papier.

ISBN-13: 978-3-7910-2511-7
ISBN-10: 3-7910-2511-2

© 2006 Schäffer-Poeschel Verlag für Wirtschaft · Steuern · Recht GmbH
www.schaeffer-poeschel.de
info@schaeffer-poeschel.de
Einbandgestaltung: Willy Löffelhardt
Satz: Grafik-Design Fischer, Weimar
Druck und Bindung: Kösel, Krugzell · www.koeselbuch.de
Printed in Germany
September/2006

Schäffer-Poeschel Verlag Stuttgart
Ein Tochterunternehmen der Verlagsgruppe Handelsblatt

Inhaltsverzeichnis

Abbildungsverzeichnis VIII

Tabellenverzeichnis X

Vorwort XI

Einleitung 1

I   **Bedeutung des Social Marketing** 3

1   Begriff und Methoden 4
1.1 Definition des Social Marketing 4
1.2 Abgrenzung zum klassischen Marketing 5
1.3 Formen des Social Marketing 5
1.4 Methoden des Social Marketing 7

2   Der Markt 9
2.1 Akteure des wirtschaftlichen Handelns 9
2.2 Beziehungsgefüge der Marktteilnehmer/Akteure 11
2.3 Der Dritte Sektor 14
2.4 Win-Win-Situation über Social Marketing 23

3   Social Marketing als Notwendigkeit sozialer Organisationen 26
3.1 Management- und Organisationsdefizite in sozialen Organisationen .. 26
3.2 Konsequenzen für soziale Organisationen 29

II   **Der Social Marketingprozess – theoretische Grundlagen** 33

1   Schritt 1: Die Situationsanalyse 36
1.1 Unternehmensanalyse 36
1.2 Umfeldanalyse 40
1.3 Marktanalyse 42
1.4 Wettbewerbsanalyse 43
1.5 Zielgruppenanalyse 45

2   Schritt 2: Die Situationsbewertung – SWOT-Analyse   47
3   Schritt 3: Die Zielsetzung   50
3.1 Wesen von Zielen   50
3.2 Aufbau und Arten von Zielen   51

4   Schritt 4: Die Strategie – Auf dem Weg zur Positionierung   56

5   Schritt 5: Der Maßnahmenplan/Marketing-Mix   58
5.1 Produktpolitik   58
5.2 Preispolitik   59
5.3 Distributionspolitik   60
5.4 Kommunikationspolitik   62

6   Schritt 6: Die Realisierung   81
6.1 Realisierungsmodelle der Kommunikation   82
6.2 Realisierung der Werbemittel   86

7   Schritt 7: Die Erfolgskontrolle   86
7.1 Operatives Controlling   87
7.2 Strategisches Controlling   88

III Der Social Marketingprozess – praktische Umsetzung   91

1   Anwendungsschritt 1: Die Situationsanalyse   93
1.1 Unternehmens- und Markenanalyse   93
1.2 Umfeldanalyse 108
1.3 Analyse des Stiftungsmarktes 110
1.4 Wettbewerbsanalyse 114
1.5 Zielgruppenanalyse 115

2   Anwendungsschritt 2: Die Situationsbewertung – SWOT-Analyse 117

3   Anwendungsschritt 3: Die Zielsetzung 121

4   Anwendungsschritt 4: Die Strategie 123

5   Anwendungsschritt 5 und 6: Der Maßnahmenplan/Marketing-Mix
     sowie die Realisierung 126

6   Anwendungsschritt 7: Die Erfolgskontrolle 146

Schlussbemerkungen 148

Literaturverzeichnis 150

Autorenverzeichnis 167

Institut für Social Marketing GmbH 169

Sachwortregister 170

Abbildungsverzeichnis

Abbildung 1:   Beziehungsgefüge der Marktteilnehmer 12
Abbildung 2:   Wirtschaftliche Bedeutung des Non-Profit-Sektors 1995 .. 22
Abbildung 3:   Stoßrichtungen vermehrter Management-
               Orientierungen 31
Abbildung 4:   Die Strategische Pyramide 34
Abbildung 5:   »Social Marketingtableau« mit integriertem
               »Social Marketingprozess« 35
Abbildung 6:   Checkliste zur Unternehmensanalyse/Positionierung 39
Abbildung 7:   Die Analyse des allgemeinen Umfeldes (PEST) 40
Abbildung 8:   Checkliste zur Umfeldanalyse 41
Abbildung 9:   Checkliste zur Marktanalyse 43
Abbildung 10: Porters Fünf-Kräfte-Modell 44
Abbildung 11: Checkliste zur Wettbewerbsanalyse 45
Abbildung 12: Checkliste zur Zielgruppenanalyse 47
Abbildung 13: Die SWOT-Analyse 48
Abbildung 14: Checkliste zur SWOT-Analyse 49
Abbildung 15: Die Zielpyramide und ihre Bausteine 52
Abbildung 16: Checkliste zur Zielformulierung 56
Abbildung 17: Checkliste zur Festlegung der Positionierung 58
Abbildung 18: Checkliste zur Produktpolitik 59
Abbildung 19: Checkliste zur Preispolitik 60
Abbildung 20: Checkliste zur Distributionspolitik 62
Abbildung 21: Positionierung/Corporate Identity 63
Abbildung 22: Checkliste zur Markenanmeldung 66
Abbildung 23: Checkliste zum Logo 68
Abbildung 24: Checkliste zum Slogan 68
Abbildung 25: Checkliste zur Geschäftsausstattung 69
Abbildung 26: Checkliste zur Imagebroschüre 71
Abbildung 27: Checkliste zum Flyer 71
Abbildung 28: Checkliste zur Homepage 72
Abbildung 29: Checkliste zum Banner 73
Abbildung 30: Checkliste zur Anzeige 74
Abbildung 31: Checkliste zur Füllanzeige 75

Abbildung 32:   Checkliste zur Außenwerbung 76

Abbildung 33:   Checkliste zur Streuplanung 77

Abbildung 34:   Checkliste zum Direct Mailing 78

Abbildung 35:   Checkliste zur PR 80

Abbildung 36:   Checkliste zum Sponsoring 81

Abbildung 37:   Das AIDA-Modell 84

Abbildung 38:   Strategische Überprüfung und mögliche Konsequenzen .. 89

Abbildung 39:   Caritas in der Diözese Rottenburg-Stuttgart 95

Abbildung 40:   Markenbekanntheitsgrade von Spendenorganisationen .. 97

Abbildung 41:   Spontane Assoziationen zur Caritas 98

Abbildung 42:   Polaritätenprofil zur Caritas 98

Abbildung 43:   Durch die Caritas unterstützte soziale Bereiche 99

Abbildung 44:   Relevanz der Gründung einer eigenen Stiftung 100

Abbildung 45:   Die Komponenten des Eisberg-Modells 102

Abbildung 46:   Logo, Slogan und Kommunikationsmittel der Caritas 103

Abbildung 47:   Markenkernwertemodell der Caritas 105

Abbildung 48:   Positionierungsprofil der Caritas in Deutschland 107

Abbildung 49:   Meinungen zu gemeinnützigen Stiftungen 112

Abbildung 50:   Gewünschter Bereich für eine eigene Stiftung 114

Abbildung 51:   Positionierungsprofil der neuen Caritas-Stiftung (NCS) .. 125

Abbildung 52:   Ergebnisse des Brainstormings zur Slogan-Findung 130

Abbildung 53:   Logo-/Slogan-Kombination der Caritas-Stiftung
                 »Lebenswerk Zukunft« 131

Abbildung 54a: Imagebroschüre »Lebenswerk Zukunft«, Vorderseite 133

Abbildung 54b: Imagebroschüre »Lebenswerk Zukunft«, Auszug aus
                 den Innenseiten 134

Abbildung 54c: Imagebroschüre »Lebenswerk Zukunft«, Auszug aus
                 den Innenseiten 135

Abbildung 55:   Stiftungsflyer AKTION DRITTE WELT 136

Abbildung 56:   Stiftungsflyer CARITAS-STIFTUNG BACKNANG 137

Abbildung 57:   Stiftungsflyer STIFTUNG STARKE FAMILIEN 138

Abbildung 58:   Homepage der Caritas-Stiftung 139

Abbildung 59:   Anzeige einer Treuhandstiftung »Lebenswerk Zukunft« .. 141

Abbildung 60:   Füllanzeige einer Treuhandstiftung
                 »Lebenswerk Zukunft« 141

Abbildung 61:   Mobile Stellwand (Display) 142

Abbildung 62:   Platzierung des Display bei Stiftungsgründung 143

Abbildung 63:   Cover und exemplarische Innenseiten Namensbüchlein
                 »Lebenswerk Zukunft« 144

Tabellenverzeichnis

Tabelle 1: Staatsausgabenquoten der wichtigsten OECD-Länder 14

Tabelle 2: Strukturbesonderheiten von NPO 18

Tabelle 3: Anzahl und Mitglieder von Non-Profit-Organisationen
in Deutschland 19

Tabelle 4: Beschäftigtenzahlen in deutschen Non-Profit-Organisationen .. 21

Tabelle 5: Ausgaben und Beschäftigung im deutschen Non-Profit-Sektor
1990 und 1995 22

Vorwort

Marketing, vielmehr Social Marketing, gewinnt für den Dritten Sektor eine zunehmende Bedeutung. So bestimmen Fragen zu Schlagworten wie Strategie, Positionierung, Corporate Identity und Fundraising immer häufiger die Beratungsgespräche zur Gestaltung der Zukunft von Non-Profit-Organisationen (NPO). Warum aber wird Social Marketing immer wichtiger? Die Beantwortung dieser Fragestellung ist vielschichtig. Ein bedeutender Grund für die Entwicklung zugunsten der Anwendung von Social Marketing in Non-Profit-Organisationen ist sicherlich der wachsende finanzielle Druck auf diese Unternehmen, der durch stetige Haushaltskürzungen bedingt ist. Bei vielen Institutionen geht die Entscheidung, Social Marketing zum Einsatz zu bringen, jedoch weit über die Frage der Finanzierbarkeit hinaus – vielmehr geht es um die nachhaltige Daseinsberechtigung dieser Organisationen. Für viele Institutionen ist dies ein Paradigmenwechsel, der ihre über die Jahrzehnte aufgebauten Beziehungen zu Gesellschaft und Staat auf die Probe stellt.

In dieser Situation ist es mehr als verständlich, dass betroffene soziale Organisationen zuerst sehr kurzfristig nach Lösungen ihrer Finanzprobleme suchen. Doch der Paradigmenwechsel verlangt mehr: War es bisher für soziale Organisationen weniger nötig, die Aufmerksamkeit der Öffentlichkeit auf ihre Organisation zu lenken – das Angebot war durch den bestehenden Bedarf und die weitgehende Finanzierung durch die öffentliche Hand und anderer Sozialträger gesichert – so ist es nun für soziale Organisationen zwingend, sich der Konkurrenz auf dem Markt zu stellen, ja: den Markt erst einmal als relevante Größe wahrzunehmen und anzunehmen. Dass ein solches Umdenken nach jahrzehntelanger anderer Übung auch noch im extremen Schnelldurchgang gelernt und akzeptiert werden muss, erleichtert die notwendigen Reaktionsmaßnahmen nicht.

Gerade dieser Druck ist es, der nach kurzfristigen Finanzierungsmöglichkeiten suchen lässt, aber – und das wäre die entscheidende Frage – oftmals den Blick verstellt, dass eine generelle Überprüfung des bisherigen Angebots und eine kritische Überprüfung der eigenen Positionierung auf dem Markt von zentraler, überlebenswichtiger Bedeutung wäre. Und nur eine solche Offenheit würde die Voraussetzung schaffen, um eine Strategie für ein Maßnahmenprogramm »Fit für die Zukunft« zu ermöglichen. Dieser Prozess einer Selbstvergewisserung und Neupositionierung auf dem Markt verlangt – auch angesichts der drängenden finanziellen Notwendigkeiten – eine große Bereitschaft und Mut, Selbstverständlichkeiten zu hinterfragen. Aber nur dann wird es möglich sein, eine Wahrnehmung in der Öffentlichkeit und Finanzierungsmöglichkeiten auf dem Markt zu realisieren.

Um diesen Prozess für soziale Organisationen nach innen und außen managen zu können, werden im vorliegenden Band Methoden und Anwendungsschritte dargestellt. Schritt für Schritt werden notwendige Maßnahmen des »Social Marketingprozesses« theoretisch erörtert und anhand eines konkreten Beispiels in die Praxis umgesetzt.

Prof. Dr. Klaus Koziol

Einleitung

Täglich prasselt eine Flut von redaktionellen und werblichen Informationen auf uns Deutsche ein. 95 % dieser Botschaften sind für den Konsumenten nicht zu verarbeiten. Allein 55.000 Marken versuchen sich in Deutschland von der Masse abzuheben.

Auch im Dritten Sektor sind diese Entwicklungen spürbar. Viele Organisationen ringen um die Gunst von Spendern und Stiftern. In Deutschland gibt es derzeit ca. 594.000 Vereine sowie rund 10.000 Stiftungen, von denen der Großteil als gemeinnützig anerkannt ist und folglich um Spenden werben kann. Um sich als Non-Profit-Unternehmen erfolgreich auf diesem Markt zu behaupten, ist eine strategisch geplante Marketing- und Kommunikationsarbeit erforderlich, denn eine bekannte, Vertrauen erweckende und sympathische Marke entsteht in den seltensten Fällen durch Zufall. Hierzu gilt es vor allem, sich strategisch sinnvoll zu positionieren und einen unverwechselbaren und klaren »Markenauftritt« zu kreieren. Social Marketing ist die planvolle Strategie, um solche Marken aufzubauen.

Dabei wird als Marke »das Vorstellungsbild im Kopf von Menschen« bezeichnet. Dieses Vorstellungsbild wird aus einer Vielzahl von Transaktionen und Interaktionen gebildet, die beim Empfänger eine Aktion wie beispielsweise Kaufentscheidungen, Zustimmung, Begeisterung (»ich mache mit«, »ich engagiere mich«) auslösen.[1]

Diese Publikation ist ein Praxisleitfaden, der sich gezielt an Beschäftigte, insbesondere die Leitung, in gemeinnützigen Organisationen sowie Lehrende und Studenten innerhalb des Dritten Sektors richtet. Das Buch demonstriert die Übertragbarkeit grundlegender Marketing-Erkenntnisse auf den Dritten Sektor. Dazu haben die Autoren den »Social Marketingprozess« entwickelt. Der »Social Marketingprozess« liefert praxisorientierte Impulse und Ansätze zur strategischen Ausrichtung der Marketingaktivitäten in Organisationen des Dritten Sektors.

Das Buch ist wie folgt aufgebaut:

Teil I führt den Leser an die Thematik des Social Marketing heran. So werden neben Erläuterungen und Definitionen zum Social Marketing auch theoretische Grundlagen sowie dessen Formen und Methoden aufgezeigt. Anschließend rich-

---

1   Vgl. Mühlbacher in: Diller (1994): Vahlens großes Marketing-Lexikon, S. 487.

tet sich der Blick auf den Markt, in welchem das Social Marketing, durch die agierenden Marktakteure seine Anwendung findet. Im Zuge dessen erfolgt eine spezielle Abgrenzung des Dritten Sektors sowie der in ihm agierenden Non-Profit-Organisationen. Hierbei wird die Notwendigkeit des Einsatzes von Social Marketing seitens dieser NPOs verdeutlicht. Das Kapitel schließt mit den daraus resultierenden Konsequenzen für soziale Organisationen.

Teil II beinhaltet die theoretischen Grundlagen zur Erstellung von Marketing- und Kommunikationskonzeptionen für Non-Profit-Organisationen. Mit dem »Social Marketingprozess« und dem »Social Marketingtableau«, in welches der Prozess integriert wird, werden zwei Instrumentarien zur Implementierung strategisch verankerter Marketing- und Kommunikationsmaßnahmen in Organisationen des Dritten Sektors vorgestellt. Inhalt des »Social Marketingprozesses« sind grundlegende theoretische Erkenntnisse zu Herangehensweise und Aufbau von Marketingkonzeptionen, ebenso deren Realisierung und praktische Umsetzung anhand konkreter Beispiele.

Teil III richtet sich gezielt an Personen, die weniger an grundlegenden theoretischen Erkenntnissen, sondern vielmehr an der eigentlichen Erarbeitung und Umsetzung solcher Marketing- und Kommunikationskonzeptionen interessiert sind. Anhand des Erfolgsbeispiels Caritas-Stiftung »Lebenswerk Zukunft« wird dazu die konkrete Übertragung des »Social Marketingprozesses« in die Praxis vollzogen. Die Umsetzung der durch den »Social Marketingprozess« vorgegebenen Marketing- und Kommunikationsmaßnahmen wird schrittweise aufgezeigt. Die theoretischen Inhalte der vorangegangenen Kapitel werden nochmals in Kürze angeführt und dabei mit praktischen Hinweisen und Inhalten angereichert. Am Ende des Teils III werden die konkreten Umsetzungen und Maßnahmen aufgezeigt.

Das kommentierte Literaturverzeichnis dient als Nachschlagewerk und stellt die verwendeten Bücher in Kurzform vor.

1 Bedeutung des Social Marketing

»Why can't you sell brotherhood and rational thinking like you sell soap?«[2]

Diese Frage, erstmals Anfang der 1950er-Jahre von dem amerikanischen Kommunikationsforscher Gerd Wiebe aufgeworfen, beschäftigt Marketing- und Kommunikationsexperten noch in der heutigen Zeit. So wird die Möglichkeit der gezielten medialen Vermittlung von gesellschaftlichen Zielvorstellungen immer wieder in Frage gestellt und diskutiert: Können soziale Wertvorstellungen durch den gezielten Einsatz von Social Marketing und mit den Mitteln der Konsumgüterwerbung an den Mann oder die Frau gebracht werden? Auf diese Frage gibt es – wie die Erfahrung lehrt – nur eine Antwort: Ja durchaus, beziehungsweise: ausschließlich auf diesem Wege! In der heutigen Zeit bedienen sich Wirtschaftsunternehmen, öffentliche Einrichtungen wie auch gemeinnützige Organisationen durchweg der Methoden des Social Marketing, um effektiv auf ihrem Markt zu agieren.[3]

Social Marketing steht in dieser Publikation für ein neues Denken. Ein Denken vom Markt bzw. der Öffentlichkeit her. Sozial- wie auch Wirtschaftsunternehmen müssen sich als Konsequenz die Frage nach ihrer Daseinsberechtigung stellen und diese über eine nachhaltige Unternehmenspolitik und eine positive Unternehmensdarstellung beantworten. Wirtschaftsunternehmen und soziale Organisationen sind gefordert, sich mit Hilfe einer strategisch geplanten Marketing- und Kommunikationsarbeit auf dem Markt zu behaupten.

Diese neue Denkweise sollte künftig auch in der Bezeichnung sozialer Organisationen zum Ausdruck kommen. Die in der Literatur und Praxis generell verwendete Bezeichnung der »Non-Profit-Organisation« scheint anzudeuten, dass es sich dabei um Organisationen handelt, denen es nicht gelingt oder nicht wichtig ist, Gewinne zu erzielen. Dies ist jedoch insofern falsch, als diese Organisationen zwar vordergründig keine Rentabilitätsziele verfolgen, in Wirklichkeit aber lediglich auf eine »Gewinnausschüttung« verzichten. Dies steht aber nicht in Wider-

---

2 Wiebe (1952): Merchandising Commodities and Citizenship on Television, in: Public Opinion Quarterly 15, S. 679–691.
3 Vgl. Krzeminski; Neck (1994): Praxis des Social Marketing. Erfolgreiche Kommunikation für öffentliche Einrichtungen, Vereine, Kirchen und Unternehmen, S. 11 ff.

spruch zu ihrem generellen unternehmerischen Handeln.[4] Diese Betrachtungs-
weise entspricht auch dem hier vorgelegten Ansatz des Social Marketing. Soziale
Organisationen sollten aus diesem Grund eigentlich durchweg als »Not-for-Pro-
fit-Organisationen« bezeichnet werden. Da sich jedoch der Begriff der »Non-Profit-Organisation« in Theorie und Praxis durchgesetzt und eingebürgert hat, soll
er auch in dieser Publikation durchgehend seine Verwendung finden.

Der hier vorgestellte neue Ansatz des Social Marketing knüpft an die bestehenden Theorien an, entwickelt diese jedoch weiter und schafft neue Instrumente zur
Anwendung des Social Marketing.

1 Begriff und Methoden

1.1 Definition des Social Marketing

Der Begriff sowie das Konzept des Social Marketing entstanden in den USA und
basieren auf den Arbeiten von Philip Kotler. Dieser übertrug bereits in den sieb-
ziger Jahren des letzten Jahrhunderts die zentralen Begriffe der wissenschaftli-
chen Marketinglehre auf den Austausch von Ideen und sozialen Wertvorstellungen. Kotler veröffentlichte 1971 zusammen mit seinem Mitarbeiter Gerald
Zaltman den provokativen Artikel: »Social Marketing: An Approach to Planned
Social Change« im Journal of Marketing.[5] In diesem Artikel arbeitete er heraus,
dass man Marketingmaßnahmen, die bisher für konventionelle Produkte verwendet wurden, auch auf den sozialen Bereich anwenden könne. Im Mittelpunkt
stand dabei der Gedanke, dass gemeinschaftliche Anliegen des Gesundheitswe-
sens, der Umweltverschmutzung, der Familienplanung oder des Spendenwesens
mit Hilfe des Marketinginstrumentariums effizienter gelöst werden können.[6]
Kotlers Idee drückt sich in folgender Definition aus: »Social Marketing ist die
Planung, Organisation, Durchführung und Kontrolle von Marketingstrategien
und -aktivitäten nichtkommerzieller Organisationen, die direkt oder indirekt auf
die Lösung sozialer Aufgaben gerichtet sind«.[7]

---

4 Vgl. Schulze (1997): Profit in Nonprofit-Organisationen. Ein betriebswirtschaftlicher Ansatz zur
   Klärung der Definitionsdiskussion, S. 223.
5 Vgl. Kotler (1971): Social Marketing, in: Journal of Marketing, S. 24.
6 Vgl. Meffert (2000): Marketing. Grundlagen marktorientierter Unternehmensführung. Konzepte –
   Instrumente – Praxisbeispiele, 9. Auflage, S. 1277.
7 Vgl. Bruhn; Tilmes (1994): Social Marketing. Einsatz des Marketing für nichtkommerzielle Organisationen, S. 21.

1.2 Abgrenzung zum klassischen Marketing

Marketing im klassischen Sinn wird in erster Linie mit der betrieblichen Absatz-
funktion gleichgesetzt. Im Vordergrund jeder Unternehmensaktivität steht dabei
eindeutig die unternehmenstypische Gewinnerzielungsabsicht.[8] Diese Denkhaltung drückt sich in folgender Definition aus: »Marketing ist die Planung, Koordination und Kontrolle aller auf die aktuellen und potentiellen Märkte ausgerich-
teten Unternehmensaktivitäten. Durch eine dauerhafte Befriedigung der
Kundenbedürfnisse sollen die Unternehmensziele verwirklicht werden«[9].

Der Unterschied des Social Marketing zum kommerziellen Marketing liegt folglich darin, dass kommerzielles Marketing versucht, das Verhalten der Zielgruppe
zugunsten der Organisation und deren Ziele zu beeinflussen. Social Marketing
versucht dagegen, soziales Verhalten zugunsten der Zielgruppe bzw. der Allgemeinheit zu beeinflussen.[10] Beispielhaft kann hier angeführt werden, dass sich
Wirtschaftsunternehmen mit Hilfe des Marketing i. d. R. darauf konzentrieren,
sich selbst positiv zu profilieren bzw. ihre Produkte zu verkaufen. Soziale Organisationen streben darüber hinaus zumeist auch ideelle Ziele an. Ein solches Ziel
ist etwa die Sensibilisierung der Bevölkerung für bestimmte Themenbereiche
(bspw. für die Hospizbewegung in Deutschland). Dies schließt natürlich keines-
wegs aus, dass soziale Organisationen auch »Werbung für sich selbst« machen
können.

1.3 Formen des Social Marketing

Innerhalb des Theoriebestands des Social Marketing herrscht i. d. R. eine weitgehende Übereinstimmung bezüglich der Differenzierung von verschiedenen
Social-Marketing-Formen. Zumeist finden folgende Definitionen ihre Anwendung:

Marketing von Non-Profit-Organisationen
Hier bezieht sich Social Marketing auf den Einsatz von Marketingmethoden und
-maßnahmen in gemeinnützigen Organisationen. Dieser Einsatz wird in Zukunft
verstärkt gefordert werden, da der zunehmende Wettbewerb, die Kürzung öffent-

---

8 ebenda, S. 13.
9 Meffert (2000), S. 8.
10 Vgl. Kotler; Andreasen (2003): Strategic Marketing, 6. Auflage, S. 329.

licher Mittel seitens des Staates sowie die daraus resultierende Notwendigkeit zur Profilierung die Non-Profit-Organisationen dazu zwingen. Momentan wird professionelles Social Marketing noch von sehr wenigen Non-Profit-Organisationen angewandt – in diesem Bereich ist ein Strukturwandel von Nöten.[11]

Marketing für gemeinnützige Ziele und Ideen

Marketing für gemeinnützige Ziele und Ideen setzt die Methoden und Instrumente des kommerziellen Marketings auch für ideelle Zwecke ein. So sollen gezielte Aktionen und Kampagnen zur Änderung von Einstellungen oder Verhaltensweisen beitragen. Beispielsweise Aktionen gegen Ausländerfeindlichkeit oder AIDS-Präventionskampagnen. Dieses Konzept, auch als Kampagnen-Marketing bezeichnet, findet vor allem in den USA seine Anwendung.[12]

Marketing von Wirtschaftsunternehmen mit sozialer Komponente

Wirtschaftsunternehmen setzen verstärkt Social-Marketing-Methoden ein. Dadurch können sie sich eindeutige Wettbewerbsvorteile gegenüber ihren Konkurrenten verschaffen. Heutzutage wird die Öffentlichkeit immer kritischer und wählt Unternehmen bzw. deren Produkte und Dienstleistungen nicht mehr aus rein produkttechnischer Sicht aus, sondern bezieht zunehmend auch soziale und gesellschaftliche Überlegungen in die Produktwahl mit ein.[13] Darüber hinaus orientieren sich Unternehmensaktivitäten verstärkt an humanitären und ethischen Grundwerten und Zielen sowie dem Erkennen sozialer und gesellschaftlicher Probleme. Dieser Ansatz des Social Marketing appelliert weniger an die Sozialverantwortlichkeit von Unternehmen, sondern stellt die Profilierung und damit verbundene Gewinngenerierung in den Mittelpunkt. Somit werden die längerfristigen Aspekte des wirtschaftlichen Handelns (die Nachhaltigkeit) betont.

Die Interpretation und Bedeutung des hier vorgelegten Social-Marketing-Ansatzes liegt in der Vereinbarkeit aller drei Formen. Nur eine konsequente Verwendung aller aufgezeigten Modelle kann die erwünschte »Soziale Komponente« auf dem Markt erzeugen. Dies bedeutet, dass die bisherige strikte Trennung aufgehoben wird.

---

11 Vgl. Pepels (2004): Marketing, S. 976.
12 Vgl. Bruhn; Tilmes (1994), S. 21 ff.
13 Vgl. Bruhn (2005): Marketing für Nonprofit-Organisationen. Grundlagen – Konzepte – Instrumente, S. 7.

1.4 Methoden des Social Marketing

Social Marketing bedient sich der Methoden der allgemeinen betriebswirtschaft-lichen Marketinglehre, weitet diese jedoch konsequent auf den Dritten Sektor bzw. auf Non-Profit-Organisationen aus.

Die Erarbeitung von ganzheitlichen und umfassenden Marketing- und Kommunikationskonzepten dient dabei als Grundlage für einzelne Teilplanungen. Bruhn bezeichnet dies als den Planungsprozess des Social Marketing. Dieser enthält vier wesentliche Schritte:

- **Social Marketingsituationsanalyse:** Umfassende Umwelt- und Marktanalysen tragen zur Dokumentation und Sichtbarmachung der jetzigen sowie zur Prognose der zukünftigen Situation der Organisation bei.
- **Social Marketingstrategie:** Die Strategie wird auf Grundlage der angestrebten sozialen Ziele und des Selbstverständnisses der Organisation entwickelt. Sie legt die Bearbeitung relevanter Märkte, das Vorgehen gegenüber anderen Marktteilnehmern sowie den schwerpunktmäßigen Einsatz des Marketing-Mix fest.
- **Social Marketingmaßnahmen:** In der Maßnahmenplanung werden produkt-, preis-, distributions- sowie kommunikationspolitische Entscheidungen getroffen. Dabei sind zu erreichende Teilziele, die abschätzbaren Marktreaktionen sowie das zur Verfügung stehende Marketingbudget zu berücksichtigen.
- **Social Marketingkontrolle:** Um das Ergebnis der Marketingaktivitäten ersichtlich zu machen, bedient sich das Social Marketing sowohl einer operativen als auch einer strategischen Marketingkontrolle.

Die klassischen Theorien und Anwendungen des Social Marketing hatten ihren Ursprung in den USA. Im Laufe der Zeit entwickelten sich jedoch länderspezifische Besonderheiten, die das Social Marketing innerhalb seiner Ausrichtung und Anwendung voneinander unterscheiden. Die US-Amerikaner konzentrieren sich in Definition und Umsetzung des Social Marketing zunächst überwiegend auf das so genannte Kampagnen-Marketing. Dies bedeutet, dass Social Marketing im Sinne von Marketing für gemeinnützige Ideen und Ziele eingesetzt wird. Dieser Ansatz erklärt sich aus der Tatsache, dass das vorherrschende Wirtschaftsystem der freien Marktwirtschaft von allen Organisationen erfordert, sich und ihre Anliegen selbstständig und effektiv auf dem Markt umzusetzen.

Vorreiter für diesen Ansatz des Social Marketing war Philip Kotler. Kotler proponierte den Ansatz des Kampagnen-Marketing. Darauf aufbauend definiert er Social Marketing als »Managementtechnik, die sozialen Wandel einleiten soll und sich aus Planung, Umsetzung und Kontrolle von Programmen zusammensetzt, die das Ziel haben, die Akzeptanz einer gesellschaftspolitischen Vorstellung oder einer Verhaltensweise bei einer oder mehreren Zielgruppen zu erhöhen«. Als geeignetes Instrumentarium hierfür sieht er die so genannten Sozialkampagnen. Kotler definiert diese folgendermaßen: »Eine Sozialkampagne ist ein von einer Gruppe (Mittler des Wandels) betriebenes systematisches Bemühen mit dem Ziel, andere (die Zielgruppe) zur Annahme, Änderung oder Aufgabe bestimmter Vorstellungen, Einstellungen, Gewohnheiten und Verhaltensweisen zu bewegen«.[14]

In den USA wird auf soziale Probleme also auch durch die Entwicklung von Sozialkampagnen reagiert. Diese sollen dazu beitragen, das gesellschaftliche Problembewusstsein zu schärfen, Probleme offen zu legen und auf deren (teilweise tabuisierte) Entstehungsbedingungen aufmerksam zu machen. Sozialkampagnen stellen eine notwendige Bedingung für die Veränderungen von gesellschaftlichen Verhaltensweisen dar. Sie sind jedoch nicht als hinreichend anzusehen, da Verhaltensweisen vor allem von Glaubensvorstellungen, Gewohnheiten, Interessen und Gefühlen bestimmt werden und sich nicht ohne Weiteres ändern lassen.

In Deutschland unterscheiden sich Begriff und Auffassung des Social Marketing von US-amerikanischen Vorstellungen. Aufgrund der unterschiedlichen Wirtschaftssysteme wird der Begriff des Social Marketing in Deutschland vom Blickwinkel der Sozialen Marktwirtschaft aus betrachtet. Diese fordert neben der Gewährleistung einer freiheitlichen Wettbewerbsordnung auch eine soziale Ausrichtung der Wirtschaftspolitik. Somit fließen verschiedene Aspekte in das Konzept des Social Marketing mit ein. Unter diesem Blickwinkel nähert sich das Social Marketing dem Nachhaltigkeits-Marketing an. Nachhaltigkeits-Marketing beschränkt den Menschen nicht auf einen »homo consumens«. Es reduziert ihn also nicht ausschließlich auf seine Rolle als Konsument, dessen Verhalten durch (Werbe-)Stimuli determiniert ist. Der Mensch wird vielmehr als Ganzes in seinen verschiedenen Rollen (Bürger, Privatmensch, Arbeitnehmer etc.) betrachtet. Dieser Ansatz versucht die individuellen Kundenbedürfnisse so zu befriedigen, dass soziale Anliegen so weit wie möglich berücksichtigt und ökologische Belastungen möglichst vermieden werden.

Die zentralen Fragen hierbei lauten: »Wie können Unternehmen einen relevanten Beitrag zur Lösung sozial-ökologischer Probleme leisten und dadurch einen Kundenmehrwert generieren und wie können sie diesen Beitrag erfolgreich vermarkten?«[15]

Eine solche Orientierung hat weitreichende Konsequenzen für die Theorie und Praxis. Nachhaltigkeits-Marketing leistet einen Beitrag zur Sicherstellung

---

14 Vgl. Kotler; Bliemel (2001): Marketing-Management. Analyse, Planung und Verwirklichung, 10. Auflage, S. 18 und S. 37.
15 Vgl. Pohl (2001): Marketing in der Sozialen Marktwirtschaft. Eine Streitschrift für die Erneuerung des Marketing-Ethos, S. 56 ff. und 159.

der menschlichen Lebensgrundlagen und zur Verbesserung der Lebensqualität.[16]

Ausgehend von diesen Überlegungen muss der Begriff des Social Marketing in Deutschland viel weiter als in den USA gefasst werden und mehrere Dimensionen beinhalten:

- Die Vermarktung des »Sozialen«
- Marketing und Kommunikation von Non-Profit-Organisationen
- Die Ausrichtung der wirtschaftlichen Aktivitäten an gesellschaftlichen Belangen.

2 Der Markt

2.1 Akteure des wirtschaftlichen Handelns

Üblicherweise gehen Wirtschaftstheorien davon aus, dass ausschließlich Wirtschaftsunternehmen auf dem Markt agieren. Im Zuge des hier vorgelegten Social-Marketing-Ansatzes wird diese Sichtweise jedoch auch auf Non-Profit-Unternehmen ausgeweitet. Nachfolgend werden die identifizierten, verschiedenen Marktteilnehmer bzw. Akteure definiert und voneinander abgegrenzt.

Profit-Organisationen (PO)

Profit-Organisationen sind erwerbswirtschaftliche Unternehmen, welche Gewinne zum Selbstzweck erwirtschaften und diese den Unternehmern oder Kapitalgebern zugute kommen lassen. Sie zeichnen sich durch eine formale Zielsetzung aus, welche beispielsweise eine höhere Rendite für das eingesetzte Kapital erreichen möchte.[17] Wirtschaftsunternehmen unterliegen einer direkten Steuerung durch den Markt, unter dessen Bedingungen sie Gewinne erzielen bzw. Kapital rentabilisieren müssen. Darin ist gleichzeitig auch der Hauptzweck von Profit-Organisationen zu sehen. Weitere Merkmale dieser Unternehmen sind die Fremdbedarfsdeckung der Nachfrager auf dem Markt sowie die Orientierung am Markt, an Kundenbedürfnissen und dem Konkurrenzverhalten anderer Unternehmen. Ein Wirtschaftsunternehmen produziert vorwiegend private, marktfähige Individualgüter, die ausschließlich vom einzelnen Käufer genutzt werden können. Die Finanzmittel bestehen aus Kapitaleinlagen und direkten individuellen Leistungs-

---

16 Vgl. Ulrich (1998): Integrative Wirtschaftsethik, 2. Auflage, S. 210 ff.
17 Vgl. Hohn (2001): Internet-Marketing und -Fundraising für Nonprofit-Organisationen, S. 6 f.

entgelten (Preise) aus Güterverkäufen. Eine Profit-Organisation beschäftigt vorwiegend hauptamtlich angestellte Manager und Mitarbeiter und führt ihre Erfolgskontrolle primär über marktbestimmte Größen (Gewinn, Umsatz, Marktanteil) durch, welche den Gesamterfolg messen.[18]

Non-Profit-Organisationen (NPO)

Non-Profit-Organisationen sind Wirtschaftsunternehmen, die soziale Zielsetzungen verfolgen. Sie produzieren nicht für den anonymen Markt, sondern für Betroffene im Gebiet. Dabei verzichten sie auf private Gewinnentnahme, handeln sozial verantwortlich und betreiben daher soziales Marketing und Management; darüber hinaus mobilisieren sie soziales Kapital (unbezahlte Arbeit auf Gegenseitigkeit). Das Formalziel einer Non-Profit-Organisation stellt die Nicht-Gewinnorientierung dar. Dies grenzt die Organisation gleichzeitig von erwerbswirtschaftlichen Unternehmen ab. Daneben steht das Sachziel – Bedarfsdeckung und Bereitstellung eines von der Organisationsumwelt akzeptierten Leistungsangebotes wie beispielsweise die pflegerische Betreuung – eindeutig im Vordergrund.[19]

Politik/Staat

Der Begriff Politik wird aus dem griechischen Begriff »Polis« für »Stadt« oder »Gemeinschaft« abgeleitet. Politik bezeichnet den Prozess, durch gezieltes Handeln mehrerer Akteure (Interessengruppen, Parteien, Organisationen oder Personen) zu allgemein verbindlichen Entscheidungen zu kommen. Meist wird Politik auf Parteien, Politiker und Entscheidungen, die für einen Staat oder mehrere Staaten (internationale Politik) gelten, bezogen. Politik bestimmt jedoch auch die Beziehungen einzelner gesellschaftlicher Gruppen, Unternehmen und Organisationen zueinander. Darüber hinaus kann das Politische als eine spezifische Seite des Sozialen betrachtet werden. Das Soziale wird immer dann politisch, wenn das Miteinander der Menschen als solches zum Problem wird. Politik im weiten Sinne bedeutet: Allgemeine konflikthafte Situationen im Miteinander; Politik im engen Sinne: Gesamtgesellschaftlich verbindliche Regelungen.[20]

Öffentlichkeit

Unter Öffentlichkeit versteht man die Gesamtheit der möglicherweise an einem Ereignis teilnehmenden Personen ohne jede Begrenzung in der Anzahl oder durch

---

18 Vgl. Schwarz; Purtschert; Giroud (1999): Das Freiburger Management-Modell für Nonprofit-Organisationen, 3. Auflage, S. 33.
19 Vgl. Urselmann (2002): Fundraising. Erfolgreiche Strategien führender Nonprofit-Organisationen, 3. überarbeitete und erweiterte Auflage, S. 5.
20 Vgl. Sutor (1994): Politik, S. 31 ff.

sonstige Einschränkungen. Als Öffentlichkeit können somit Privatpersonen verstanden werden, die sich auf dem Markt einbringen und kommunizieren und dabei aus unterschiedlichsten Motiven handeln.[21]

2.2 Beziehungsgefüge der Marktteilnehmer/Akteure

Die Beziehungen der einzelnen Marktteilnehmer untereinander können auf for-
meller wie auch informeller Basis dargestellt werden.

Auf informeller Basis lassen sich die Akteure wie folgt zueinander in Beziehung
setzen:

- **Profit-Organisationen** haben einen eigenen Bezugsrahmen (Kunden, Lieferanten, Kapitalgeber, Steuerbehörden). Daneben agieren sie sowohl als Förderer des Sozialen (Mäzenen, Sponsoren, Spender) wie auch als direkte Anbieter von sozialen Dienstleistungen (bspw. durch die Gründung einer eigenen
  Stiftung).
- **Non-Profit-Organisationen** agieren als Anbieter von sozialen Dienstleistungen. In Deutschland finanziert der Staat weitgehend das Bürgerengagement
  bzw. gemeinnützige Einrichtungen und bestimmt damit zu einem Großteil auch
  die Spielregeln. Möchte eine Organisation also etwas erreichen, tut sie gut da-
  ran, sich mit Politik und Verwaltung bzw. mit Personen, die über die Vergabe
  öffentlicher Mittel entscheiden, zu arrangieren.
- Den **politischen Parteien** kommt eine wesentliche Mittlerrolle zwischen dem
  öffentlichen und dem Non-Profit-Sektor zu. Im Verhältnis zwischen Staat und
  Non-Profit-Sektor sorgen sie für Verknüpfungen durch Doppelmitgliedschaften
  ihrer Vertreter in den Instanzen und Gremien beider Sektoren. Darüber hinaus
  stellen die Parteien durch Anbindung des lokalen Vereinswesens an regionale
  und bundesweite Instanzen von Parlament und Regierung für den Non-Profit-
  Sektor sowohl den Zugriff auf Ressourcen sicher als auch einen mehr oder weniger starken Einfluss der Vereine und Verbände auf die politische Willensbildung.[22]
- Die **Öffentlichkeit** nimmt eine wichtige Gelenkfunktion zwischen Gesellschaft, Politik und dem Staat ein. Sie kann zur Grundlegung für politisches und
  gesellschaftliches Handeln schlechthin werden, indem sie einen kommunika-

---

21 Vgl. Peters (1994): Der Sinn von Öffentlichkeit. in: Neidhardt, F. (Hrsg.): Öffentlichkeit. Öffent-
    liche Meinung. Soziale Bewegungen, Kölner Zeitschrift für Soziologie und Sozialpsychologie,
    Sonderheft 34, S. 45.
22 Vgl. Lang; Haunert (1995): Handbuch Sozial-Sponsoring. Grundlagen, Praxisbeispiele, Hand-
    lungsempfehlungen, S. 26.

tiven, sozialen und letztlich politischen Raum konstituiert, der sowohl zur individuellen Orientierung als auch zur kollektiven Willensbildung in einer komplexen Gesellschaft zwingend notwendig ist. Darüber hinaus kann die Öffentlichkeit als direkter Kunde von Non-Profit- und Profit-Organisationen verstanden werden.

Das Beziehungsgefüge der Marktteilnehmer wird mit Hilfe nachfolgender Abbildung bildhaft dargestellt und verdeutlicht.

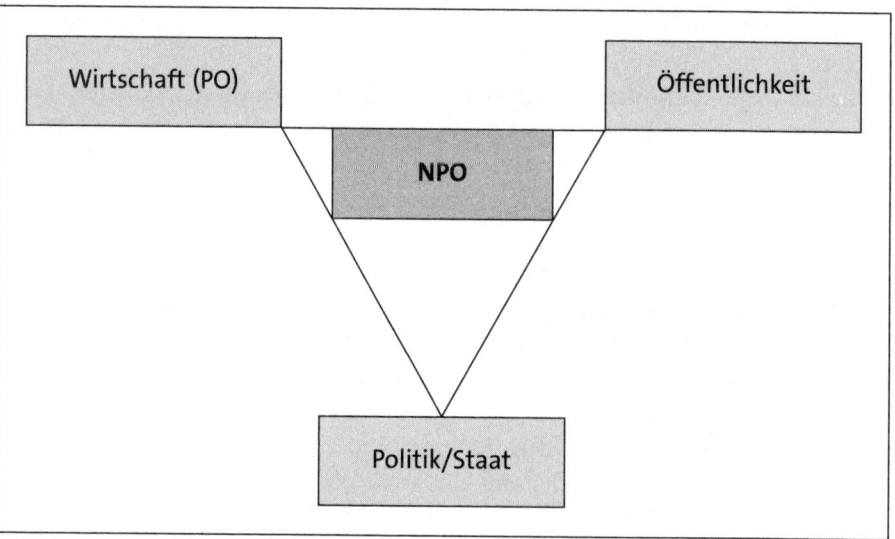

Abbildung 1: Beziehungsgefüge der Marktteilnehmer[23]

Der Blickwinkel erfolgt aus Sicht der Non-Profit-Organisationen. Zum einen aufgrund der Tatsache, dass der Non-Profit-Sektor weder dem Ersten Sektor (Markt/ Wirtschaft) noch dem Zweiten Sektor (Staat/Politik) zugeordnet werden kann, sondern einen eigenen Bereich einnimmt. Zum anderen stellen wir die Non-Profit-Organisationen in dieser Publikation in den Mittelpunkt der Betrachtungen. Die Abbildung 1 verdeutlicht, dass alle Marktteilnehmer in Beziehung zueinander stehen und nicht isoliert voneinander betrachtet werden können. Jedes Handeln strahlt nach außen ab, beeinflusst die anderen Marktteilnehmer und bringt Konsequenzen und Veränderungen mit sich, die sich auf die Gesamtheit im Markt auswirken.

---

23 In Anlehnung an Badelt in: Badelt, Ch. (Hrsg.): Handbuch der Nonprofit-Organisation. Strukturen und Management, 3. Auflage, S. 59.

Neben der aufgezeigten informellen Basis kann zur Verdeutlichung der Beziehungen der Marktakteure auch die Wertschöpfung und damit eine quantitativ messbare Größe herangezogen werden. Eine geeignete Variable dazu stellt die Staatsquote dar.

Die Staatsquote umfasst die Staatsausgaben (Bund, Länder, Kommunen, etc.) in Prozent des jeweiligen Bruttoinlandsproduktes (BIP). Sie zeigt, in welchem Umfang der staatliche Sektor die gesamte Volkswirtschaft in Anspruch nimmt. Zu den Staatsausgaben werden sowohl staatliche Investitionen und Ausgaben für Personal und Verwaltung (Ausgaben im engeren Sinne), wie auch Zinszahlungen und Zahlungen an private Haushalte (Transfers, z. B. Sozialleistungen, Kindergeld) sowie Unternehmenssubventionen gezählt. Entsprechend der Definition der OECD soll hier unter ›Staatsquote‹ das Verhältnis zwischen den gesamten Staatsausgaben (einschließlich der staatlichen Sozialversicherung) und dem Bruttoinlandsprodukt verstanden werden. Eine hohe Staatsquote wird dabei mit einem hohen Staatseinfluss gleichgesetzt, umgekehrt eine niedrige Staatsquote mit geringem Staatseinfluss und damit einer weitgehenden Steuerung der Wirtschaft über die Marktkräfte.[24]

Nach Angaben des Statistischen Bundesamtes lag die Staatsquote in Deutschland im Jahr 2004 bei 47,5 %, wohingegen sie im Jahr 2003 noch 48,8 % betrug. Dies war die niedrigste Staatsquote seit 13 Jahren – niedriger lag sie zuletzt 1991 mit 47,1 %. Die Ausgaben des Gesamtstaates beliefen sich damit auf 1.034 Milliarden Euro, das sind 5 Milliarden weniger als im Vorjahr.[25]

Die Staatsquote erfasst jedoch den tatsächlichen Einfluss des Staates auf die Wirtschaft nicht vollständig. Dies ergibt sich beispielsweise aus der Tatsache, dass öffentliche Unternehmen nicht dem Staat, sondern dem privaten Sektor zugeschlagen werden. Diese Problematik verzerrt auch die Entwicklung der Staatsquote in den letzten Jahren. Nach einem zum Teil durch die Wiedervereinigung bedingten Anstieg seit 1990 ist die Quote seit ihrem Höchstwert von 1995 (50,6 %) wieder um rund 2 Prozentpunkte gesunken. Im Jahr 2004 lag sie bei 47,5 %. Eine Staatsquote von knapp 50 % in Deutschland bedeutet also nicht zwingend, dass der Staat fast die Hälfte der gesamten Wirtschaftsleistung für sich verbraucht.[26]

Im internationalen Vergleich zeigt sich: Marktwirtschaft ist nicht gleich Marktwirtschaft. Die in den USA praktizierte Marktwirtschaft mit einer Staatsquote von 34 % ist quantitativ und qualitativ deutlich anders zu bewerten als die Marktwirt-

---

24 OECD, I/2004, Anhang, Tabelle 25 f.
25 Vgl. o.V. http://www.faz.net/s/Rub050436A85B3A4C64819D7E1B05B60928/Doc~ECBAC4FA8
    228640ABAD820B7DF241EB97~ATpl~Ecommon~Scontent.html, Zugriff am 06.06.2005.
26 Vgl. o.V. http://www.dbresearch.de/servlet/reweb2.ReWEB?rwkey=u899730, Zugriff am 15.07.
    2005.

	Staatsausgaben (Gesamtstaat) in % des BIP			
	1995	**2000**	**2003**	**2005**
Deutschland	**49,6**	**45,7**	**48,9**	**47,1**
Österreich	57,2	52,3	51,0	49,7
Frankreich	55,2	52,7	54,7	54,1
Italien	53,4	46,9	48,9	48,7
Großbritannien	44,5	37,0	42,8	41,8
USA	35,0	32,5	34,4	34,1
Japan	36,0	39,6	39,2	38,0

Tabelle 1: Staatsausgabenquoten der wichtigsten OECD-Länder[27]

schaft in Deutschland mit einer Staatsquote von knapp 50 %. Viele nordische Länder Europas, wie beispielsweise Schweden mit fast 60 %, weisen sogar noch wesentlich höhere Staatsquoten auf. Vor diesem Hintergrund wird verständlich, warum die Regierung in Deutschland seit längerem versucht, die Staatsquote wieder deutlich zurückzuführen – möglichst auf unter 40 % des nationalen Sozialprodukts. Eine solche Politik verspricht, dass das Wirtschaftssystem insgesamt wieder »marktwirtschaftlicher« und damit hinsichtlich Wachstum und Arbeitsplätzen effizienter und dynamischer wird.

Bezugnehmend auf genannte Entwicklungen, soll an dieser Stelle Ludwig Erhard zitiert werden, dessen Definition der Sozialen Marktwirtschaft unübertrefflich bleibt:

»Der tiefe Sinn der Sozialen Marktwirtschaft liegt darin, das Prinzip der Freiheit auf dem Markt mit dem sozialen Ausgleich und der sittlichen Verantwortung jedes Einzelnen dem Ganzen gegenüber zu verbinden.«[28]

2.3 Der Dritte Sektor

Neben Staat und Markt gibt es einen zusätzlichen Bereich, in welchem gemeinnützige Organisationen Dienstleistungen und Produkte erbringen und zivilgesellschaftlich tätig sind – den Dritten Sektor. Rupert Graf Strachwitz bezeichnet den

---

27 OECD 2005, Economic Outlook I/2004.
28 Wünsche, H. F. (2001): Was ist eigentlich »soziale Marktwirtschaft«? Inspektion eines Begriffs-wirrwarrs, in: Ludwig-Erhard-Stiftung (Hrsg.): Orientierungen zur Wirtschafts- und Gesellschaftspolitik, S. 49.

Dritten Sektor in einem 1998 erschienenen Buch als »Dritte Kraft«, dem insbesondere dann Aufmerksamkeit zukommt, wenn von einer Zivil- oder Bürgergesellschaft die Rede ist.[29] Im Dritten Sektor werden für die Gesellschaft grundlegende Aufgaben erfüllt z. B. in den Bereichen Soziales, Sport, Umwelt und Kultur. Derzeit gibt es keine klaren Abgrenzungskriterien zwischen dem Ersten, Zweiten und Dritten Sektor. So verfolgen viele gemeinnützige Organisationen durchaus auch wirtschaftliche Ziele; jedoch werden die anfallenden Gewinne nicht ausgeschüttet, sondern für die gemeinnützigen Ziele der Organisation reinvestiert. Der Dritte Sektor verbindet also oftmals ökonomische und soziale Zielsetzungen. Als weitere Besonderheit des Dritten Sektors kann die Tatsache angeführt werden, dass seine Organisationen ihre Ressourcen sowohl aus öffentlichen Mitteln, Eigeneinnahmen, Spenden- und Sponsoringmitteln und nicht zuletzt aus ehrenamtlichem Engagement beziehen. Sie finanzieren sich also aus öffentlichen und privaten Mitteln. Ferner erfolgt die geleistete Arbeit sowohl ehrenamtlich als auch durch bezahlte Erwerbsarbeit.

Der Dritte Sektor ist also nicht eindeutig von Markt und Staat abzugrenzen. Er zeichnet sich jedoch durch eine eigene Handlungslogik aus. So ist der Dritte Sektor vor Allem von Gemeinsinn und Solidarität, gesellschaftlicher Verantwortung und Selbstorganisation getragen, wohingegen sich der staatliche Sektor durch eine überwiegende Verwaltungslogik und der privatwirtschaftliche Sektor durch eine überwiegende Profitlogik auszeichnen.

Der Dritte Sektor in Deutschland ist durch drei grundlegende Prinzipien gekennzeichnet:[30]

- **Grundsatz der Selbstverwaltung:** Non-Profit-Organisationen sollen nicht von der staatlichen Verwaltung abhängig sein. Die Organisation muss also ihre wichtigsten Entscheidungen selbst treffen können.
- **Grundsatz der Subsidiarität:** Non-Profit-Organisationen sollen vom Staat finanziell unabhängig agieren können. Das bedeutet aber nicht, dass sie keine finanziellen Mittel vom Staat beziehen dürfen, sondern, dass der Staat diesen ausreichende Mittel zur Verfügung stellen muss.
- **Grundsatz der Gemeinwirtschaft:** Non-Profit-Organisationen dürfen nicht auf Gewinn- oder Vermögensmaximierung ausgelegt sein und auch keine Gewinne an Eigentümer oder Mitglieder ausschütten. Daraus folgt aber nicht, dass sie keine Gewinne erwirtschaften dürfen. Diese Gewinne müssen jedoch in der Organisation bleiben und dem ideellen Ziel dienen.

---

29 Dazu siehe auch Strachwitz in: Nährlich; Zimmer (2002): Management in Nonprofit-Organisationen.
30 Vgl. Zimmer; Priller (2001): Der Dritte Sektor. Wachstum und Wandel, S. 14 f.

Die ursprüngliche Bezeichnung der »Non-Profit-Organisation« entstammt dem US-amerikanischen Sprachgebrauch und bezeichnet private Anwender, die Güter und Dienstleistungen ohne Erwerbszweck erbringen. Es existiert eine große Anzahl von verschiedenen Definitionsmodellen, die aufeinander aufbauen und dabei alle das Ziel der Entwicklung eines »Katalogs« von Strukturmerkmalen verfolgen, die in ihrer Eigenheit typisch für Non-Profit-Organisationen sind.

Der Ansatz einer »strukturellen Definition« von Non-Profit-Organisationen ist dabei der am gründlichsten analysierte und am weitesten fortgeschrittene. Er wurde im Rahmen des »John Hopkins Comparative Non-Profit Sector Project« an der University Baltimore entwickelt. Dieser Ansatz ist die erste und einzige Definition einer Non-Profit-Organisation, die auch problemlos länderübergreifend anwendbar ist. Er weist folgende fünf Kriterien, bzw. Strukturmerkmale auf:[31]

- **Formalisiert bzw. organisiert:** Non-Profit-Organisationen müssen institutionalisiert sein. Dies kann durch juristische Eintragung (z. B. Eintragung als Körperschaft oder Verein), aber auch schon durch regelmäßige Sitzungen, das Vorhandensein von Arbeitsplätzen, oder auch durch festgelegte Verfahrensregeln (»Satzung«) erreicht werden.
- **Privat:** Non-Profit-Organisationen sind »private Organisationen« und daher strikt von staatlichen Organisationen zu unterscheiden (durch dieses Strukturmerkmal wird somit eine Abgrenzung vom öffentlichen Sektor möglich). Sie sind weder Teil des Regierungsapparates und der Hoheitsverwaltung, noch darf ihre Entscheidungsfindung von staatlicher Stelle kontrolliert bzw. beeinflusst werden. Staatliche Unterstützung (Finanzierung durch die öffentliche Hand) ist dadurch jedoch nicht ausgeschlossen. Auch ist beispielsweise eine Mitgliedschaft von Regierungsmitgliedern in der Organisation erlaubt.
- **Keine Gewinnausschüttung:** Die erzielten Gewinne von Non-Profit-Organisationen dürfen nicht an Besitzer oder Mitglieder ausgeschüttet werden, sondern müssen reinvestiert und damit dem eigentlichen Zweck der Non-Profit-Organisation wieder zugeführt werden.
- **Selbstverwaltet:** Die geschäftliche Leitung einer Non-Profit-Organisation untersteht sich selbst und darf nicht »von außen« kontrolliert werden (d. h. es darf sich hierbei nicht um »Teilorganisationen« handeln) – sie muss also juristisch oder organisatorisch eigenständig sein. Aus diesem Grund muss die Geschäftsform einer Non-Profit-Organisation der einer rechtlich selbstständigen Gesellschaft des öffentlichen bzw. des privaten (bürgerlichen) Rechts entspre-

---

31 Vgl. Anheier in: Bauer (1993): Intermediäre Nonprofit-Organisationen in einem neuen Europa, S. 10 ff.

chen. Zusätzlich muss noch ein gewisser Grad an autonomem bzw. selbstverwaltetem Wirtschaften möglich sein (z. B. Organisation könnte sich selbst auflösen).

- **Freiwillig:** Die Tätigkeiten einer Non-Profit-Organisation haben zu einem erheblichen Maße auf freiwilliger Basis zu erfolgen (z. B. ehrenamtliche Mitglieder arbeiten in der Verwaltung). Hierbei wird jedoch ein sehr großzügiger Verwirklichungsrahmen angesetzt, so dass beispielsweise bereits ein freiwilliger Aufsichtsrat genügt, um dieser Anforderung zu entsprechen. Keinesfalls bedeutet dieses Strukturmerkmal, dass das gesamte Einkommen aus freiwilligen Beiträgen bestehen muss, oder dass sich gar die Mehrheit der Belegschaft aus freiwilligen Mitgliedern zusammenzusetzen hat.

Dieser Definitionsansatz der Non-Profit-Organisation gilt als der trennschärfste. Er erlaubt es, anhand weniger Kriterien den größten Bereich an Non-Profit-Organisationen zu erkennen und einem eigenen Sektor zuzuordnen. Auch lassen sich diese Kriterien problemlos im internationalen Non-Profit-Vergleich anwenden bzw. übertragen, stellen sie doch Bedingungen dar, die völlig unabhängig von nationalen Gebräuchen oder gesetzlichen Regelungen sind.

In Deutschland werden mit dem Begriff Non-Profit-Sektor typischerweise folgende Organisationstypen und -formen bezeichnet:[32]
- Eingetragene Vereine
- Gemeinnützige Vereine
- Geselligkeitsvereine
- Stiftungen
- Einrichtungen der freien Wohlfahrtspflege
- Gemeinnützige GmbHs und ähnliche Gesellschaftsformen
- Organisationen ohne Erwerbszweck
- Verbände des Wirtschafts- und Berufslebens, Gewerkschaften
- Verbraucherorganisationen
- Selbsthilfegruppen
- Bürgerinitiativen
- Umweltschutzgruppen
- Staatsbürgerliche Vereinigungen.

Non-Profit-Organisationen arbeiten nach dem Gemeinwirtschaftlichkeitsprinzip. Dies bedeutet, dass Überschüsse und Gewinne einer Organisation ausschließlich zur Erfüllung der weiterreichenden satzungsgemäßen Zwecke verwendet werden.

---

32 Vgl. Anheier; Seibel; Priller; Zimmer, in: Badelt (2002), S. 24.

Genannte Organisationen sind formell strukturiert und besitzen eine eigenständige Rechtsform.[33]

Nachfolgende Tabelle 2 verdeutlicht die Strukturbesonderheiten und Unterschiede zwischen Profit- und Non-Profit-Organisationen.

	Ziele	Finanzierung	Stakeholder	Mitarbeiter	Willensbildung
PO	Genau definiert und in Euro auszurechnen	Auf dem Absatzmarkt über den Verkauf von Produkten	Aktionäre, Mitarbeiter, Lieferanten, Kunden	Bezahlte Hauptamtliche	Hierarchisch, weisungsgebunden
NPO	Ideell, ambivalent, weit gefasst, nicht zu quantifizieren	Über Mitgliedsbeiträge, Spenden, Sponsoring, Gebühren und Leistungsentgelte	Vorstand, Mitglieder, Mäzene, allgemeine Öffentlichkeit, Verbände, staatliche Instanzen	Hauptamtliche bezahlte Kräfte, Ehrenamtliche, freiwillige unbezahlte Mitarbeiter	Demokratisch, partizipatorisch, unter Einschluss der Mitgliederversammlung

Tabelle 2: Strukturbesonderheiten von NPO[34]

Der Gesetzgeber gewährt bei Zuwendungen für gemeinnützige Organisationen einen die Steuer mindernden Abzug vom steuerpflichtigen Einkommen bis zu folgenden Höchstbeträgen:[35]

• Bei Spenden und Zustiftungen: 20.450 Euro pro Jahr
• Bei einer Treuhandstiftung: 307.000 Euro innerhalb von 10 Jahren
• Auf ein Stifterdarlehen entfallen keine Zinsabschlagsteuern und Einkommensteuern auf die Zinsen
• Werden Non-Profit-Organisationen im Testament berücksichtigt, entfällt die Erbschaftssteuer für alle Vermögensgegenstände, die der Stiftung zugewandt werden.

Das steuerrechtliche Prinzip der »zeitnahen Mittelverwendung« der eingegangenen Zuwendungen raubt den Non-Profit-Organisationen jedoch oftmals ihre Nachhaltigkeit. Denn wer sämtliches Geld bis spätestens zum Ende des folgenden

---

33 Vgl. Hohn (2001), S. 6 f.
34 Dazu siehe auch Zimmer; Priller (2001).
35 Vgl. Möller (2005): Zur aktuellen Entwicklung im Stiftungszivil- und -steuerrecht am Beispiel der treuhänderischen Privatstiftung, Beitrag in: Steueranwaltsmagazin, Arbeitsgemeinschaft Steuerrecht im Deutschen Anwaltverein, Ausgabe 5 /2005, S. 133–139.

Jahres ausgegeben haben muss, lebt immer von der Hand in den Mund. Aus diesem Grund ist der Ausbau des Eigenkapitals der Bürgergesellschaft dringend nötig.

Die Zahl der gegenwärtig in Deutschland existierenden Non-Profit-Organisationen nimmt stetig zu. Im Jahr 1996 gab es ca. 420.000 Organisationen mit rund 41 Millionen Mitgliedern und etwa 17 Millionen regelmäßig, mit einem messbaren zeitlichen Aufwand ehrenamtlich engagierten Bürgern. Diese Zahlen sind als untere Größenangaben anzusehen.[36]

Bereich	Anzahl der Organisationen (1997)	Mitglieder
Kultur und Erholung	160.100	15.729.000
Bildung und Forschung	10.000	661.000
Gesundheitswesen	3.600	2.710.00
Soziale Dienste	130.000	1.586.000
Umwelt- und Naturschutz	30.000	2.710.000
Wohnungs- und Beschäftigungswesen	1.500	264.000
Bürger- und Verbraucherinteressen	40.000	1.190.000
Stiftungen	6.000	132.000
Internationale Aktivitäten	400	264.000
Wirtschafts- und Berufsverbände	5.000	11.963.000
Sonstige (Religionen u. a.)	30.000	3.767.000
Insgesamt	**416.600**	**41.240.000**

Tabelle 3: Anzahl und Mitglieder von Non-Profit-Organisationen in Deutschland[37]

Im Jahr 2000 konnten rund 681.000 Non-Profit-Organisationen gezählt werden, davon 544.700 Vereine. Dies zeigt, dass das Vereinswesen mehr denn je der zentrale gesellschaftliche Ort ist, an dem bürgerschaftliches Engagement stattfindet und Sozialkapital entsteht. 50 % der Engagierten sind in Vereinen aktiv.

In gleicher Weise hat sich das Stiftungswesen in Deutschland in den letzten Jahren beträchtlich ausgeweitet. Der Bundesverband Deutscher Stiftungen hatte im Jahr 2005 13.490 existierende Stiftungen des Bürgerlichen Rechts in seiner

---

36 Dazu siehe auch Ronzheimer (2001): Dritter Sektor und Zivilgesellschaft, in: BerliNews, vom 21. Juni 2001.
37 Vgl. John Hopkins Comparative Non-Profit-Profit Sector Project (1997): Teilstudie Deutschland, Johns Hopkins University, Center for Civil Society Studies.

Datei. Unter den 13.490 Stiftungen waren im Jahr der Erhebung bundesweit insgesamt 880 neu errichtet worden. Dies entspricht einem neuen Rekord bei Stiftungserrichtungen. Im Vergleich zum Jahr 2004 mit 852 Stiftungserrichtungen wurden im Jahr 2005 somit rund 3 % mehr Stiftungen errichtet.[38] Zusätzlich zu diesen Stiftungen des Bürgerlichen Rechts kommen rund 100.000 Kirchen- und Kirchenpfründestiftungen, die nicht der Genehmigung durch die staatliche Stiftungsaufsicht unterliegen. Die Zahl der rechtsfähigen katholischen Stiftungen betrug im Jahr 2000 19.327; davon waren 98,6 % Stiftungen öffentlichen Rechts, der Rest privaten Rechts.[39]

Im Dritten Sektor gab es in Deutschland zwischen 1960 und 1995 die größten Beschäftigungszuwächse, in der zweiten Hälfte der Neunziger Jahre sogar die einzigen. In den vergangenen Jahrzehnten gelang es dem Dritten Sektor, sowohl den Ersten als auch den Zweiten Sektor in Bezug auf die Anzahl neu geschaffener Arbeitsplätze zu überholen.[40] Die Zahl der Beschäftigten des Dritten Sektors in Deutschland betrug 1995 rund 2,1 Millionen Personen.[41] Die Gesamtzahl der Beschäftigten entsprach 1,441 Millionen Vollzeitarbeitsplätzen und einem Anteil von 4,93 % an der volkswirtschaftlichen Gesamtbeschäftigung.[42]

Nachfolgendes Schaubild (Tabelle 4) gibt einen Überblick über die Beschäftigung in den einzelnen Bereichen des Non-Profit-Sektors. Es verdeutlicht, dass die Mehrheit der Stellen im Bereich der Sozialen Dienste, im Gesundheitswesen sowie im Bereich Bildung und Forschung zu finden sind.[43]

Die überdurchschnittlichen Beschäftigungseffekte im Dritten Sektor reißen auch in der neueren Zeit nicht ab. Sie basieren zum einen auf dem überdurchschnittlichen Zuwachs an neuen Arbeitsplätzen im Vergleich zu Staat und Markt, zum anderen auf der Schaffung von Beschäftigungsmöglichkeiten, insbesondere für am Arbeitsmarkt benachteiligte Gruppen. Der Frauenanteil und der Anteil älterer Arbeitnehmer und Arbeitnehmerinnen liegt hier durchschnittlich höher als bei öffentlichen Einrichtungen und Profit-Unternehmen.

Bezieht man die ehrenamtliche Arbeit mit ein, so ändert sich die Zusammensetzung des Non-Profit-Sektors jedoch entscheidend. Jeder Fünfte in Deutschland ist in Non-Profit-Organisationen unentgeltlich tätig. Umgerechnet in Beschäftigtenzahlen arbeiten so eine Million weitere Personen im Dritten Sektor (berechnet in Vollzeitäquivalenten). Die Ehrenamtlichen eingerechnet, beläuft sich die Ge-

---

38 Vgl. Bundesverband Deutscher Stiftungen (2006): Stiftungen in Zahlen – Errichtung und Bestand rechtsfähiger Stiftungen des Bürgerlichen Rechts in Deutschland im Jahr 2005.
39 Vgl. Röder, (2000): Unter dem Dach der Kirche. In: Deutsche Stiftungen 3/2000, Mitteilungen des Bundesverbandes Deutscher Stiftungen, S. 51 f.
40 Vgl. Anheier; Seibel; Priller; Zimmer, in: Badelt (2002), S. 32.
41 Dazu siehe auch Zimmer; Priller (2001).
42 Vgl. Lang; Haunert (1995), S. 28.
43 Vgl. Anheier; Seibel; Priller; Zimmer, in: Badelt (2002), S. 31.

Bereich	Absolute Anzahl Stellen (1995)	Anteil in Prozent
Kultur und Erholung	77.350	5,4
Bildung und Forschung	168.000	11,7
Gesundheitswesen	441.000	30,6
Soziale Dienste	559.500	38,8
Umwelt- und Naturschutz	12.000	0,8
Wohnungs- und Beschäftigungswesen	87.850	6,1
Bürger- und Verbraucherinteressen	23.7000	1,6
Stiftungen	5.400	0,4
Internationale Aktivitäten	9.750	0,7
Wirtschafts- und Berufsverbände	55.800	3,9
Insgesamt	1.440.850	100

Tabelle 4: Beschäftigtenzahlen in deutschen Non-Profit-Organisationen[44]

samtzahl der Deutschen, die im Non-Profit-Sektor tätig sind, somit auf knapp 2,5 Millionen Vollzeitbeschäftigte. Damit liegt im Dritten Sektor knapp 8 % der Gesamtbeschäftigung in Deutschland. Dabei nehmen die hauptamtlich Beschäftigten vorrangig Leitungs- und Führungsaufgaben wahr, wohingegen ehrenamtliche Mitarbeiter zumeist in der Öffentlichkeitsarbeit, Verwaltung, Beratung und der Lobbyarbeit tätig sind.[45]

Der wirtschaftliche Stellenwert des Non-Profit-Sektors ist seit Mitte der Neunziger Jahre beachtlich angestiegen. Im Jahr 1995 tätigte der Sektor Ausgaben in Höhe von 68,7 Milliarden Euro (135,4 Milliarden DM). Dies entspricht 3,9 % des Bruttosozialproduktes. Die Non-Profit-Organisationen in Deutschland verließen sich bei ihrer Finanzierung stark auf öffentliche Geldgeber (64 % der Einnahmen). Der Anteil an Gebühren, die seitens der Nutzer und Nutzerinnen der Leistungen erbracht werden, liegt bei 32 %. Private Spenden nahmen dagegen nur 3 % ein.[46]

Die ermittelten Ausgaben und die Beschäftigung im deutschen Non-Profit-Sektor für die Jahre 1990 und 1995 stellen sich zusammengefasst wie folgt dar:

---

44 Vgl. John Hopkins Comparative Non-Profit-Profit Sector Project (1997): Teilstudie Deutschland, Johns Hopkins University, Center for Civil Society Studies.
45 Vgl. Zimmer; Priller, (2001), S. 121–147.
46 Dazu siehe auch Salomon; Anheier (1999): The Emerging Sector – An Overview.

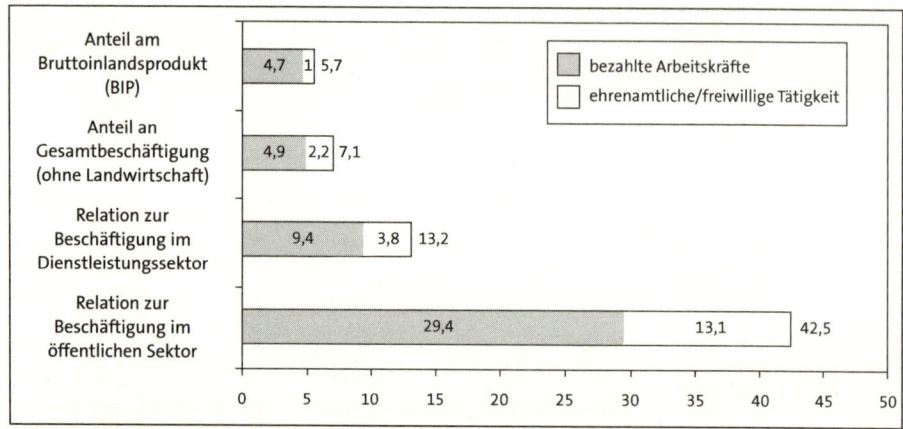

Abbildung 2: Wirtschaftliche Bedeutung des Non-Profit-Sektors aller untersuchten 22 Länder 1995[47]

	1990	1995	Veränderung 1990–1995 (in Prozent)
Gesamtausgaben des Dritten Sektors in Millionen DM	93.417	135.400	144,9
Gesamtausgaben des Dritten Sektors in Prozent des Bruttosozialproduktes	3,9	3,9	0
Beschäftigung im Dritten Sektor in Vollzeitäquivalenten	1.017.945	1.440.350	141,5
Beschäftigung insgesamt (Vollzeit, Teilzeit, geringfügig)	1.300.000	2.100.000	161,5
Beschäftigung im Dritten Sektor in Prozent der Gesamtwirtschaft in Vollzeitäquivalenten	3,7	4,9	131,8

Tabelle 5: Ausgaben und Beschäftigung im deutschen Non-Profit-Sektor 1990 und 1995[48]

Zieht man als einzigen Referenzwert die prozentuale Veränderung des Jahres 1990 zum Jahr 1995 heran und prognostiziert man davon ausgehend die prozentuale Veränderung bis ins Jahr 2005, so könnte man von jährlichen Gesamtaus-

---

47 Vgl. John Hopkins Comparative Non-Profit-Profit Sector Project (1997): Teilstudie Deutschland, Johns Hopkins University, Center for Civil Society Studies.
48 Vgl. John Hopkins Comparative Non-Profit-Profit Sector Project (1997): Teilstudie Deutschland, Johns Hopkins University, Center for Civil Society Studies.

gaben des Dritten Sektors in Höhe von ca. 210 Milliarden Euro ausgehen. Diese Hochrechnung verdeutlicht die bereits im Vorfeld des Kapitels aufgezeigten Wachstumstendenzen im Dritten Sektor insgesamt.

2.4 Win-Win-Situation über Social Marketing

Das dargestellte Beziehungsgefüge der Marktteilnehmer aus Abbildung 1 verdeutlicht, dass auch Non-Profit-Organisationen zu den relevanten Marktakteuren gezählt werden müssen. Doch wie kann nun dieses Beziehungsgefüge in Einklang gebracht werden. Wie lassen sich die einzelnen Interessen der Marktteilnehmer verbinden? Bezogen auf die Bereiche Profit wie auch Non-Profit stellen sich hierzu folgende Fragen:

- Können die vermeintlich unterschiedlichen, wenn nicht sogar gegensätzlichen Interessen der Sektoren Profit und Non-Profit in Einklang gebracht werden?
- Wie können sich die Organisationen für alle Seiten Gewinn bringend in den sozialen Bereich einbringen und dadurch gleichzeitig zur Verbesserung der sozialen Lage beitragen?

Diese Fragen können allein durch die Generierung von Win-Win-Situationen beantwortet werden.

Als Win-Win-Strategie wird eine Methode der Problem- und Konfliktlösung bezeichnet, bei der alle Beteiligten einen Nutzen (Gewinn) erzielen. Es geht nicht darum, die eigene Position durchzusetzen oder gezwungenermaßen Abstriche zu machen, sondern eine dauerhafte Lösung zu finden, die von allen Beteiligten getragen und akzeptiert wird.[49]

Die Bezeichnung Win-Win-Situation stößt bei vielen Organisationen des Dritten Sektors oftmals noch auf Kritik, da mit dieser Win-Win-Absicht eben auch eingestanden wird, dass nicht nur soziale Organisationen einen Gewinn (für eine gute Sache) erreichen dürfen, sondern auch Wirtschaftsunternehmen. Zudem handelt es sich gewissermaßen um einen Aufmerksamkeit erzeugenden Tabubruch – der ursprünglich rein ökonomische Begriff wird nun auf gemeinhin nicht ökonomisch wahrgenommene Situationen übertragen. Wichtig erscheint bei der Nutzung des Begriffes daher, nicht auf der abstrakten Ebene der ökonomischen Wortwahl zu verbleiben. Vielmehr sollen konkrete Vorteile und Nutzen der angestrebten Situation benannt werden. Dadurch wird die Begrifflichkeit in der Weise

---

49   Vgl. Fisher; Uy (2000), S. 59 f.

übersetzt, dass sie allen Beteiligten verständlich ist. Gleichzeitig kann so auch eine zu einseitige Interpretation von Gewinn – sprich die rein ökonomische – vermieden werden.

Wie lassen sich nun Situationen erzeugen, durch die alle Wirtschaftsakteure gleichermaßen profitieren? Situationen, bei denen nicht die Gewinnmaximierung eines Einzelnen im Vordergrund steht, sondern die Schaffung von Ideen, Projekten und Situationen, die jeden Beteiligten für sich profitieren lassen, jedoch nur durch die Zusammenarbeit Aller zustande kommen können. Diese gerade auch wirtschaftliche Erkenntnis und Notwendigkeit, dass sich Eigennutz und Gemeinsinn nicht ausschließen, ja bedingen, impliziert die Herstellung einer Win-Win-Beziehung. Nicht die Paretoeffizienz[50] trägt die wirtschaftlichen Beziehungen, sondern das Streben nach gegenseitigem Vorteil. Dies kann als eine gegenseitige Wohlfahrtförderung angesehen werden, wobei das Marketing als notwendig herzustellende Win-Win-Beziehung für den Bereich der Wirtschaft gelten kann. Dieser Anspruch bezieht sich gerade auf die Grundlegung für demokratische Staaten: »Demokratische Staaten kann man mit John Rawls[51] als ›Unternehmen der Zusammenarbeit zum gegenseitigen Vorteil‹ bezeichnen. Oder, anders gesagt, man kann sie als genossenschaftliche oder mitgliederbestimmte Organisation betrachten, die den gemeinsamen Interessen der Mitglieder, also der Bürger dienen sollen. In diesem Sinne lässt sich für demokratische Staaten ein eindeutiges Kriterium angeben, an dem mögliche alternative Organisationsformen und das Verhalten derjenigen gemessen werden können, die politische Macht ausüben. Dieses Kriterium ist die Förderung der gemeinsamen Interessen der Bürger«.[52] Wirtschaft und Politik, Wirtschaft und Demokratie treffen sich hier im Sinne der Gemeinwohlorientierung. So gesehen könnten sich Politik und Wirtschaft gegenseitig unterstützen, wenn es der Wirtschaft gelänge, ihr Flagschiff »Marke« zur Gemeinwohlorientierung hin zu öffnen, was ja den wirtschaftlichen Bedingungen entspräche. Mit einer solchen, dann auch über die Marken transportierten Gemeinwohlorientierung wäre nicht nur die soziale Dimension als solche im Blick, sondern durch das auch von den Marketingvorgaben her notwendige »taking-the-role-of-the-other« wäre auch der Fokus stärker in Richtung Dialog und Toleranz möglich und nötig. Letztlich wäre die sozial »aufgeladene« Marke dann auch Stimulans für kommunikative und integrative Funktionen der Gesellschaft und würde als solche zur Vitalisierung der Öffentlichkeit beitragen.[53]

---

50 Danach ist der Erfolg eines Marktteilnehmers nur durch den Misserfolg des anderen Marktteilnehmers möglich.
51 Dazu siehe Rawls (1979).
52 Vanberg, in: Frankfurter Allgemeine Zeitung, 28.12.2002.

Ein klassisches Beispiel für eine Win-Win-Situation ist das bürgerschaftliche Engagement von Unternehmen, welches heute Corporate Citizenship genannt wird. Corporate Citizenship (CC) bedeutet die Anteilnahme der Unternehmen am sozialen Wohlergehen der Gemeinschaft. Es setzt sich zusammen aus dem Corporate Giving (Spendenwesen, Stiftungswesen und Sponsoring eines Unternehmens, also der Überlassung materieller Gegenwerte) und dem Corporate Volunteering (Einbindung der Mitarbeiter in das gesellschaftliche Engagement des Unternehmens, z. B. Freistellung der Arbeitszeit für ein Hilfsprojekt).[54]

Die Wichtigkeit solcher Win-Win-Situationen hat beispielsweise auch Daimler-Chrysler erkannt. So regte das Unternehmen in jüngster Vergangenheit eines der ehrgeizigsten städtebaulichen Immobilienvorhaben Deutschlands an: das Flugfeld Böblingen/Sindelfingen. Auf einem 80 Hektar großen Gelände entsteht bis zum Jahr 2020 ein neuer Gewerbe- und Dienstleistungsstandort mit angestrebten 10.000 Arbeitsplätzen und Wohnraum für etwa 3.000 Personen (1.000 Wohnungen). Damit bekennt DaimlerChrysler, dass neben den »sozialen Komponenten« auch der angestrebte Know-how-Transfer und die Qualität der Arbeitskräfte in der Region Motivationsgründe für die Unterstützung dieses Vorhabens darstellen. Dies sind Pluspunkte, die für ein innovatives Unternehmen wie DaimlerChrysler nach wie vor entscheidend sind.[55] Das Projekt stellt ein gelungenes Beispiel der Integration der verschiedenen Marktakteure dar, welches international Schule machen könnte.

Die Vorteile eines klassischen CC-Projektes für die beteiligte Non-Profit-Organisation liegen auf der Hand: Sie bekommt finanzielle Mittel, sachwerte Leistungen oder auch personelle Ressourcen seitens der Unternehmen für die Erfüllung ihres Unternehmenszweckes zur Verfügung gestellt. Voraussetzung hierfür ist jedoch, dass sich Organisationen mit Hilfe des Social Marketing interessant machen und derart auf dem Markt präsentieren, dass sie die Aufmerksamkeit von Wirtschaftsunternehmen bzw. potentiellen CC-Partnern auf sich ziehen können. Welche Motive bringen auf der anderen Seite Wirtschaftsunternehmen dazu, CC zu praktizieren? Als Hauptgrund hierfür können eindeutig Imagevorteile für das Unternehmen genannt werden. So bevorzugen laut einer Studie der imug-Beratungsgesellschaft für sozial-ökologische Innovationen in Hannover die Hälfte der Verbraucher bei gleichem Preis die Produkte desjenigen Unternehmens, welches ein verantwortliches unternehmerisches Verhalten zeigt.[56]

---

53 Vgl. Koziol: Die Markengesellschaft. Wie Marketing Demokratie und Öffentlichkeit verändert (2006).
54 Vgl. Wieland (2002), S. 9–11.
55 Vgl. o. V. http://allpr.de/1375/DaimlerChrysler-lobt-neuen-Standort-Flugfeld-Boeblingen-Sindelfingen.html, Zugriff am 03. 08. 05.
56 Vgl. imug (2003): Themenspot Verbraucher und Corporate Social Responsibility, Ergebnisse einer bundesweiten repräsentativen imug-Mehrthemenumfrage, S. 6 f.

Darüber hinaus erhoffen sich Profit-Organisationen durch das soziale Engagement positive ökonomische Auswirkungen für ihr Unternehmen. Der generierte Imagegewinn soll sich letztendlich auch auf den Gewinn positiv auswirken. Auch personalbezogene Ziele stellen Motive für den Einsatz von CC dar. Mitarbeiter, die sich sozial betätigen, können so nebenbei soziale Kompetenzen erwerben. Dies hat wiederum Auswirkungen auf das gesamte unternehmerische Umfeld bzw. den Umgang innerhalb des Unternehmens. Dem CC kommt hier also eine Motivations- und Identifikationsfunktion zu.[57]

3 Social Marketing als Notwendigkeit sozialer Organisationen

Der Dritte Sektor sieht sich zunehmend neuen Herausforderungen gegenübergestellt. Zum einen verändern sich die traditionellen Finanzierungsquellen von Non-Profit-Organisationen. Die »klassische« Finanzierung durch die Öffentliche Hand, also durch den Staat, die Länder, die Kommunen oder die Kirchen (als Empfänger der Kirchensteuer), wird für den Non-Profit-Bereich Stück für Stück zurückgefahren. Darüber hinaus werden neue Anforderungen an die Organisationen und deren Arbeitsweise gestellt sowie neue Kompetenzen gefordert. Soziale Institutionen müssen sich selbst wettbewerbsfähig machen, ihre soziale Arbeit effektiv vermarkten und ihre Produkte so positionieren, dass sie Interesse für eine Zusammenarbeit bei Wirtschaftsunternehmen wecken. Allein dies kann einen dauerhaften Bestand der Organisationen auf dem Markt sichern. Um adäquat auf diese Herausforderungen reagieren zu können, ist ein Umdenken der Non-Profit-Organisationen von Nöten. Derzeit sind die Voraussetzungen dafür jedoch noch nicht hinreichend gegeben – nach wie vor weisen viele Non-Profit-Organisationen Management- und Organisationsdefizite auf.

3.1 Management- und Organisationsdefizite in sozialen Organisationen

Obwohl sich Organisationen des Dritten Sektors zunehmend mit wirtschaftlichen Fragestellungen auseinander setzen müssen, haben sie bzw. ihre Entscheidungsträger nach wie vor Schwierigkeiten mit Begriffen wie Effizienz, Wirtschaftlichkeit, Kostendenken oder auch Strategie. Gerade im Sozialwesen wird ein solches

---

57 Vgl. Seitz in: Wieland (2002): Corporate Citizenship. Gesellschaftliches Engagement – unternehmerischer Nutzen, S. 28–29.

»Managementdenken« häufig in Frage gestellt, weil damit Begriffe wie Gewinn-maximierung, Rentabilitätsstreben oder soziale Ungerechtigkeit verbunden wer-den. Doch auch Non-Profit-Organisationen sind soziale Systeme, in denen Ziele verfolgt, Pläne erstellt sowie Entscheidungen getroffen und kontrolliert werden. Auch hier müssen die Mitarbeiter geführt und dazu motiviert werden, zum Errei-chen der Organisationsziele beizutragen.[58]

In der Praxis von Non-Profit-Organisationen sind jedoch nach wie vor Defizite an Managementkapazitäten, vor allem im Vergleich zu gewinnorientierten Unter-nehmen, festzustellen. Diese Management-Defizite liegen i. d. R. auf drei Ebe-nen:[59]

- Beim **Management-Wollen**: In vielen gemeinnützigen Organisationen findet sich ein Widerstand gegen Management-Konzepte und -Methoden. Mit dem Hinweis, eine Non-Profit-Organisation sei eben etwas anderes als eine Unter-nehmung, werden diese Führungslehren beiseite geschoben. Dies erfolgt oft-mals aufgrund dessen, weil man weiter »verwalten« will, oder weil diese Kon-zepte etwa im Sinne des Wirtschaftlichkeitsprinzips (Effektivität und Effizienz) als nicht kompatibel mit Moral und Ethik (etwa in kirchlichen, sozialen sowie kulturellen Non-Profit-Organisationen) abgelehnt werden.
- Beim **Management-Können**: Die allgemeinen Erkenntnisse der Betriebswirt-schaftslehre lassen sich i. d. R. nicht 1:1 auf den Dritten Sektor übertragen. Die besonderen Merkmale und Probleme von Non-Profit-Organisationen zeigen deutlich, dass es in vielen Bereichen auch einer besonderen Management-Lehre bedarf – die gegebenen Erkenntnisse und Methoden müssen modifiziert und angepasst werden.
- Beim **Management-Tun**: Werden Management-Methoden nicht als unerlässli-che Notwendigkeit akzeptiert, so besteht die Gefahr, dass das vorhandene Wis-sen nicht oder nicht konsequent genug eingesetzt wird.

Die Folge der aufgezeigten Einstellungs- und Verhaltensweisen, verbunden mit den im Wesen der Non-Profit-Organisationen liegenden strukturell bedingten Ma-nagement-Barrieren (keine konsequente Marktsituationen, Demokratie, kollek-tive Güter), zieht eine eindeutige Tendenz zu Ineffizienz, Innovationsfeindlich-keit und Trägheit im Tun und Lassen der Organisationen nach sich. Am Anfang aller Bemühungen um eine Weiterentwicklung von Non-Profit-Organisationen muss somit ein Umdenkprozess stattfinden – eine Neuorientierung des Verhaltens von und in diesen Organisationen. Es besteht kein Zweifel, dass es sich bei die-

---

58 Vgl. Lang; Haunert (1995), S. 181.
59 Vgl. Schwarz (2005): Organisation in Nonprofit-Organisationen. Grundlagen, Strukturen, S. 24.

sen Umorientierungen je nach Organisation um einen Prozess des tiefgreifenden Wandels handeln kann. Dieser benötigt auf der einen Seite Zeit, auf der anderen Seite durchsetzungsfähige Promotoren.[60]

Die Gründe für Management-Defizite sind vielschichtig, ihre Erklärungsansätze differenziert:[61]

- Non-Profit-Organisationen sehen sich mit komplexen Problemstellungen konfrontiert, die mit herkömmlichen Managementmethoden und -instrumenten kaum zu bewältigen sind. So sind die Ziele einer solchen Organisation schwer bestimmbar und die Leistungen des Managements somit auch schwer zu beurteilen.
- Non-Profit-Organisationen agieren oftmals in Nischen, die weder vom Staat noch durch Unternehmen abgedeckt werden. Der fehlende Wettbewerb in diesen Bereichen schafft dem Management einen überdurchschnittlich großen Freiraum. Hierdurch lassen sich auch Einstellungen erklären, die nicht »businesslike« bzw. marktkonform sind.
- Nicht eindeutig definierte oder auch fehlende Kompetenzen führen zu mangelnden Gestaltungsmöglichkeiten für das Management in Non-Profit-Organisationen.
- Die Ausbildung der Manager dieser Organisationen entspricht teilweise noch nicht den notwendigen Anforderungen. Viele Organisationen werden von Personal geführt, das grundsätzlich eine ganz andere Ausbildung genossen hat (Sozialarbeiter, Soziologen etc.). I. d. R. fehlen die notwenigen betriebswirtschaftlichen und managementbezogenen Zusatzqualifikationen.

Laut Peter Drucker, einem internationalen Experten für Profit- und Non-Profit-Management, wird das 21. Jahrhundert das Jahrhundert der gemeinnützigen Organisationen:

»In einer Welt, in der Unternehmen, Finanzen und Informationen immer globaler werden, wächst die Bedeutung von Non-Profit-Organisationen. Diese können im lokalen Gemeinwesen Ressourcen mobilisieren und Probleme lösen. Ihre Kompetenz und ihr Management werden die Werte, die Visionen und den Charakter des 21. Jahrhunderts stark beeinflussen.«

Aus diesem Grund fordert Peter Drucker, dass Non-Profit-Organisationen Veränderungen in das Leben der Menschen bringen sollen. Diese Zielsetzung ist weitaus mehr als der reine Verkauf einer Dienstleistung und stellt somit hohe Anforderungen an das Management.[62]

---

60 ebenda, S. 26.
61 Vgl. Lang; Haunert (1995), S. 182.
62 Vgl. Beatty (1998): Die Welt des Peter Drucker, S. 199 f.

Auch in anderen Expertenkreisen wird davon ausgegangen, dass im Sozialbereich in den nächsten Jahren die meisten neuen Arbeitsplätze entstehen werden.[63]

Die Tätigkeitsfelder der Mitarbeiter und Mitarbeiterinnen von Non-Profit-Organisationen werden sich zunehmend ändern. Nach Haibach wird die Erstellung der Dienstleistungen auch weiterhin das zentrale Arbeitsfeld bleiben, doch wird es auch zu Gewichtungsverschiebungen kommen. So werden vor allen die Bereiche Öffentlichkeitsarbeit und Fundraising eine zunehmende Bedeutung erfahren und einen wichtigen Stellenwert einnehmen.[64]

3.2 Konsequenzen für soziale Organisationen

Social Marketing soll hier nicht im gängigen Sinne als PR und Markensetzung auf dem sozialen Feld verstanden werden, sondern als Möglichkeit zur Auseinandersetzung über den Zustand der Gemeinwohlorientierung in der Gesellschaft. Somit soll das Social Marketing profiliert werden in seiner Wächter- und Kritikfunktion für die Fragen, was eine Gesellschaft im Letzten zusammenhält. Social Marketing hat zur Aufgabe, soziale Projekte für ihren Öffentlichkeitsbezug fit zu machen, Social Marketing geht es darum, soziale Anliegen in ihrer generellen und für die Allgemeinheit wichtigen Funktion aufrecht zu erhalten. Geht es beispielsweise beim Sozialmarketing darum, PR-adäquat über ein konkretes Integrationsprojekt in einer Gemeinde zu berichten, dann wird Social Marketing die Frage nach der Bedeutung und dem Benefit von Zuwanderern in unserer Gesellschaft thematisieren. Die Verallgemeinerungsfähigkeit als Grundlage für eine Einordnung ins das Ganze und damit eine Möglichkeit zur Verständigung über notwendige Schritte und Strategien ist dann möglich. Ein wichtiger Schritt hin zu einer Kultur der Öffentlichkeit als unabdingbare Voraussetzung für eine Verständigungsermöglichung wäre das Eindringen in die Öffentlichkeit. Damit belässt man die Öffentlichkeit nicht in ihrem problematischen markengerechten Mainstream, sondern man hilft der Öffentlichkeit mit der Bereitstellung von Themen einer allgemeinen Interessenslage, ihre gesellschaftsumgreifende Funktion wahrzunehmen und somit letztlich zu einer Vitalisierung gemeinwohlorientierter Verantwortung beizutragen. Jedoch: »Wenn der Ruf nach Verantwortung nicht bloß das Zeichen der Ratlosigkeit unserer Zeit bleiben soll, dann müssen wir wieder gemeinsam angeben können, wofür wir eigentlich verantwortlich sind«.[65] Doch wo anders könnten wir das klären, als

---

63 Vgl. Lang; Haunert (1995), S. 182.
64 Vgl. Haibach in: Strachwitz (1998), S. 475–492.
65 Tenbruck (1982): Verantwortung und Moral, in: Rehrl, Stefan (Hrsg.), Christliche Verantwortung, S. 25–47.

auf dem Forum der Öffentlichkeit, für das aber das Social Marketing gerade die Themen aufbereiten muss, die keine öffentliche Lobby haben, damit sie öffentlich Gehör finden. Ein solcher bewusster und planvoller Schritt mit sozialen Themen an die Öffentlichkeit zu gehen, ist gleichzeitig ein Bekenntnis für »die Unhaltbarkeit einer rein innerlichen Moralität.«[66] Und es ist eine Absage an den »Wärmeofen« der Gemeinschaft mit seinen exklusiven Tendenzen und es beinhaltet gleichzeitig den Anspruch, die positiven Kondensationen aus der Bürgerarbeit vor Ort als Beitrag für das gesellschaftliche Ganze öffentlich kommunizierbar zu machen.[67]

Die aufgezeigten Entwicklungen führen dazu, dass Trends zur Kommerzialisierung, Professionalisierung und zum verstärkten Wettbewerb unter Aufrechterhaltung der Systemvielfalt gemeistert werden müssen. Grundlage hierfür ist eine adäquate Positionierung der Organisation. Deren Identität wird einerseits nach außen (insbesondere gegenüber dem Staat und den anderen Stakeholdern) abzugrenzen sein, andererseits nach innen (gegenüber den eigenen Mitarbeitern und im Kreis der Leistungsorgane).[68]

Soziale Institutionen müssen sich künftig ihrer Bedeutung auf und für den Markt bewusst werden. Die steigende Zahl an Non-Profit-Organisationen sowie der zunehmende Wettbewerb der Organisationen untereinander erfordert eine wettbewerbs- und leistungsfähigere Präsentation auf dem Markt. Nur wenn sich eine Organisation auf ihre Stärken besinnt und sich eindeutig – auch in Abgrenzung zur Konkurrenz – auf dem Markt positioniert, kann sie andere Marktteilnehmer auf sich aufmerksam machen. Allein dadurch kann sie Win-Win-Situationen schaffen bzw. in diese integriert werden, welche oftmals dazu beitragen, dass die Non-Profit-Organisation auch in weiterer Zukunft auf dem Markt bestehen, ihre Position festigen und sich auf diesem etablieren kann. Social Marketing ist die planvolle Strategie, um dies zu erreichen.

»Non-Profit schützt vor Management nicht«! Diese Aussage von Robert Purtschert, Leiter des Instituts für Verbandsmanagement an der Universität Freiburg, Schweiz, verdeutlicht die Notwendigkeit einer Professionalisierung der Arbeit im Bereich der Organisationsführung und Marketingkompetenz. Da sich Non-Profit-Organisationen zunehmend marktkonform verhalten müssen, sind sie gezwungen, sich auf Managementebene an Effizienz- und Leistungskategorien zu orientieren.[69] Dieses muss zumindest folgende drei Aspekte beinhalten:[70]

---

66 Vgl. Gadamer (1991): Hegels Philosophie und ihre Nachwirkungen bis heute, Vernunft im Zeitalter der Wissenschaft, S. 32–53.
67 Vgl. Koziol: Die Markengesellschaft (2006).
68 Vgl. Badelt in: Badelt (2002): Handbuch der Nonprofit-Organisation. Strukturen und Management, 3. Auflage, S. 680.
69 Vgl. Strachwitz in: Nährlich; Zimmer (2002), S. 23–36.
70 Vgl. Horak; Heimerl in: Badelt (2002), S. 182.

- **Personenbezogen**: Die Mitarbeiter müssen durch die Führungskraft von der Mission – vom Zweck – der Non-Profit-Organisation überzeugt werden.
- **Sachbezogen**: Der Managementzyklus gilt für Non-Profit-Organisationen in seiner ursprünglichen Form.
- **Institutional**: Non-Profit-Organisationen müssen über Stellen, denen die Führungsaufgaben zuzuordnen sind, verfügen.

Eine Management-Orientierung bringt eine erfolgs- und qualitätsorientierte Führung von Non-Profit-Organisationen mit sich.

Diese wiederum wird bewerkstelligt durch:
- eine Marketing-Orientierung,
- eine Zukunfts- und Zielorientierung sowie
- eine Effektivitäts- und Effizienzorientierung.

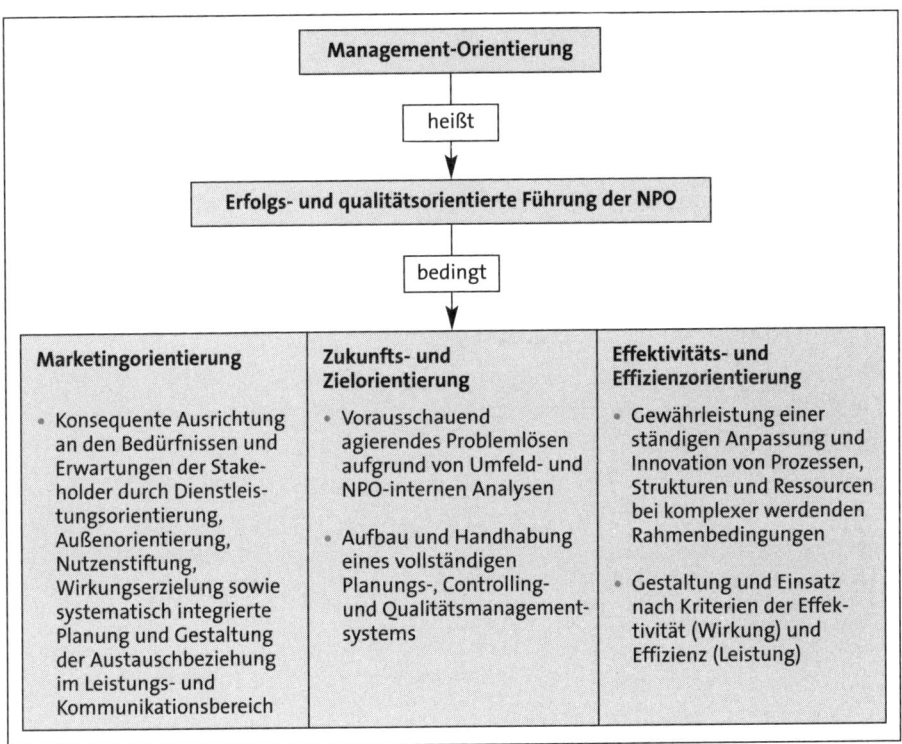

Abbildung 3: Stoßrichtungen vermehrter Management-Orientierungen[71]

---

71   ebenda S. 190 ff.

Die als notwendig aufgezeigten Änderungen können jedoch nur konsequent umgesetzt werden, wenn strategisch wichtige Positionen durch Fachleute besetzt werden, die wiederum konsequent Social-Marketing-Methoden und -Instrumente anwenden, um Arbeit und Anliegen der Non-Profit-Organisation zu kommunizieren.

Die Entwicklung von Kommunikation basiert auf der Erarbeitung eines funktionierenden Marketing- und Kommunikationskonzeptes. Die Kommunikation muss dabei in zwei Richtungen erfolgen:[72]

- **Nach außen**: Die Non-Profit-Organisation muss einen lebendigen Austausch mit dem Umfeld pflegen, um sich selbst bekannt zu machen (= Fremdbild).
- **Nach innen**: Die Beobachtung der Qualität der eigenen Angebote und die Entwicklung von Neuerungen und Verbesserungen erfordert eine gut funktionierende interne Kommunikation innerhalb der Organisation.

---

72   ebenda.

II Der Social Marketingprozess – theoretische Grundlagen

Der »Social Marketingprozess« liefert praxisbezogene Impulse und Ansätze zur strategischen Planung der Marketingaktivitäten in Organisationen des Dritten Sektors. Grundlegende theoretische Überlegungen zu Herangehensweise und Aufbau von Kommunikationskonzeptionen sind ebenso Inhalt des Prozesses wie deren Realisierung bzw. praktische Umsetzung anhand konkreter Beispiele.

Marketing ist Chefsache!

Ein umfassendes Marketingkonzept stellt sicher, dass der konzeptionellen Arbeit eine einheitliche Ausrichtung zugrunde liegt, alle Marketing-Instrumente ein harmonisches Ganzes bilden und somit im Zeitablauf ein abgestimmter und durchgehender Imageaufbau eines Unternehmens gewährleistet werden kann.[73]

Marketing wird dann zum Erfolgsfaktor, wenn sich Maßnahmen, strategische und operationale Ziele an einer klar formulierten Unternehmensvision ausrichten (es muss klar sein, »wohin die Reise geht«). Die Marketingziele sind mit den Unternehmenszielen abzustimmen. Eine gemeinsame Leitidee (Unternehmensvision) ist anzustreben. An dieser Leitidee und den daraus entwickelten Richtgrößen (Zielen) orientiert sich neben der Marketingausrichtung auch das Kommunikationskonzept und fasst grundlegende Handlungsrahmen (Strategien) wie auch notwendige operative Handlungen (Instrumentaleinsatz) zu einem schlüssigen Plan zusammen.[74]

Die Ausrichtung aller Zielbestimmungen und Maßnahmen an der Unternehmensvision wird in der so genannten strategischen Pyramide dargestellt (Abb. 4).

Diese Abbildung will verdeutlichen, dass sich alle unternehmerischen Aktivitäten, die strategischen und operativen Ziele wie auch die konkreten Umsetzungen und Maßnahmen in absteigender Umsetzungsreihenfolge an der Unternehmens-Vision ausrichten sollten.

Der »Social Marketingprozess« stellt ein geeignetes Instrument zur Erstellung einer Marketing- und Kommunikationskonzeption dar. Er strebt die Entwicklung von Marketing- und Kommunikationskonzeptionen an, die sich durch einen stu-

---

73 Vgl. Schwarz; Purtschert; Giroud (1999), S. 165.
74 Vgl. Becker (2002): Marketingkonzeption. Grundlagen des zielstrategischen und operativen Marketing-Managements, 7. Auflage, S. 819–899.

Abbildung 4: Die Strategische Pyramide

fenweisen Aufbau, eine geeignete inhaltliche Gestaltung sowie eine konsequente Umsetzung auszeichnen. Grundlage aller konzeptionell-strategischen Überlegungen dieses Prozesses ist das Verfolgen einer Win-Win-Situation, welche sich zum Wohle aller Anspruchsgruppen auswirkt. Ziel ist es also, ein Unternehmen so aufzubauen, dass es im Austausch mit seinen Anspruchsgruppen Vorteile für alle mit sich bringt (»Win-Win-Situation«).

Der »Social Marketingprozess« untergliedert die Konzepterstellung in sieben aufeinander aufbauende Stufen:

Schritt 1: Die Situationsanalyse

Zu Beginn des Prozesses steht eine ausführliche Bestandsaufnahme aller relevanten unternehmensinternen und -externen Faktoren. Diese Bestandsaufnahme wird auch als Situationsanalyse bezeichnet. Die Gesamtheit aller Informationen ergibt einen Faktenbestand (Ist-Situation), auf dem die Konzeptionsarbeit aufbaut.

Schritt 2: Die Situationsbewertung

Im Anschluss an die Analyse erfolgt die Situationsbewertung. Dies geschieht anhand einer Unterteilung nach Stärken, Schwächen, Chancen und Risiken.

Schritt 3: Die Zielsetzung

Darauf aufbauend erfolgt in Schritt 3 die Visions- und Zielformulierung, die beschreibt welche Ziele erreicht werden sollen, also welcher Zustand in der Zukunft angestrebt werden soll.

Schritt 4: Die Strategie

Mit der Strategiebestimmung wird die Vorgehensweise festgelegt, um die definierten Ziele zu erreichen.

Schritt 5: Der Maßnahmenplan/Marketing-Mix

Um diese Strategie wiederum umsetzen zu können, werden die dafür notwendigen Marketinginstrumente Produkt-, Preis-, Distributions- und Kommunikationspolitik in einem individuell auf das Unternehmen abgestimmten Marketing-Mix festgelegt. Der Marketing-Mix bringt die Marketinginstrumente in eine ganzheitliche strategische Planung.

Schritt 6: Realisierung

Schritt 6 bestimmt die Vorgehensweise bei der Realisierung des zuvor festgelegten Marketing-Mix.

Prozess	Struktur	Marke/ Unter-nehmen	Umfeld	Markt	Wett-bewerb	Ziel-gruppe
1. Situationsanalyse						
2. Situationsbewertung						
3. Zielsetzung						
4. Strategie						
5. Marketing-Mix						
6. Realisierung						
7. Erfolgskontrolle						

Abbildung 5: »Social Marketingtableau« mit integriertem »Social Marketingprozess«[75]

---

75 In Anlehnung an Linxweiler (2001): BrandScoreCard – Ein neues Instrument erfolgreicher Markenführung, S. 131.

Schritt 7: Erfolgskontrolle

Durch Schritt 7 wird der »Social Marketingprozess« vervollständigt. Die Erfolgskontrolle untersucht, ob Auswahl und Umsetzung der notwendigen Marketing-Maßnahmen zum gewünschten Erfolg führen.[76]

Der »Social Marketingprozess« wird in das so genannte »Social Marketingtableau« integriert. Die horizontale Untergliederung des Tableaus beschreibt die Struktur des Marketings wohingegen die vertikale Untergliederung den »Social Marketingprozess« mit den einzelnen Schritten zur Entwicklung eines Marketingkonzeptes beschreibt. Die horizontale Untergliederung – die Struktur – verdeutlicht, wie das Marketing aufgebaut ist. Sie stellt die relevanten und zu prüfenden Felder und Faktoren für das Marketing dar. Zu diesen Faktoren zählen neben dem Unternehmen selbst und dessen Marke(n) auch das unternehmerische Umfeld, der Markt auf dem das Unternehmen agiert, die Wettbewerber sowie die relevanten Zielgruppen.

1 Schritt 1: Die Situationsanalyse

Zu Beginn des »Social Marketingprozesses« steht die Situationsanalyse. In ihr werden das Unternehmen, das Umfeld, der Markt, der Wettbewerb sowie die Zielgruppe auf relevante Erfolgsfaktoren hin untersucht und/oder überprüft. Die Quellen der benötigten Informationen sind neben unternehmensinternen Daten und Fakten i. d. R. auch Archiv-, Online- und Datenbankrecherchen. Hinzu kommen Ergebnisse aus Meinungsumfragen, Kommunikationsanalysen und Marktanalysen.[77]

Hierbei ist es wichtig zu betonen, dass für die Situationsanalyse sehr viele unterschiedliche Faktoren herangezogen werden können bzw. müssen. Genau dies kann die Analyse jedoch sehr komplex und schwierig gestalten und damit für die meisten Anwendungssituationen in der Praxis untauglich machen. Von Anfang an sollte man die zu untersuchenden Bereiche definieren und eine Gewichtung/Priorisierung vornehmen.

1.1 Unternehmensanalyse

In der Unternehmensanalyse sozialer Organisationen werden jene Faktoren ermittelt, die als relevante Stärken oder Schwächen der Unternehmenstätigkeit einzustufen sind. Sie umfasst i. d. R. drei Untersuchungsebenen:[78]

---

76 Vgl. Becker (2002), S. 820 ff.
77 Vgl. Dörrbecker; Fissenewert-Goßmann (1996): Wie Profis PR-Konzeptionen entwickeln. Das Buch zur Konzeptionstechnik, S. 35.
78 Vgl. Becker (2002), S. 100.

- **Potenzial-Analyse**: Forschung und Entwicklung (Know-how, Patente, Entwicklungsstandard), Marketing (Konzepte, Marken, Positionierung), Beschaffung (Lieferanten, Systeme) und Finanzierung (Kapitalvolumen, Investitionsintensität).
- **Mittel-Analyse:** Sachliche Mittel (Anlagen, Einrichtungen, Ausstattungen), finanzielle Mittel (Liquidität, stille Reserven, Kapitalbeschaffungsmöglichkeiten), personelle Mittel (Personalstand, -ausbildung, -entwicklung) und informatorische Mittel (Art, Aktualität, Systeme).
- **Positions-Analyse:** Gesamt- und Teilmärkte (Marktanteile, Konkurrenz), Produkt- und Leistungsvorteil (Innovationen, Qualität), Produkt-Mix (Umsatz-, Rentabilitäts-, Altersprofile).

Der hier dargestellte Social-Marketing-Ansatz legt den Schwerpunkt der Analyse sozialer Unternehmen auf die Positionierung des Unternehmens. Dies geschieht, weil sich soziale Unternehmen hauptsächlich durch eine gelungene Positionierung wettbewerbsfähig machen, dadurch dauerhaft auf dem Markt bestehen können und darüber hinaus Interesse an einer Zusammenarbeit bei Wirtschafts- wie auch Sozialunternehmen wecken. Eine Positionierung stellt das Alleinstellungsmerkmal des sozialen Unternehmens bzw. dessen einzigartige Produkte heraus und grenzt das Unternehmen/Produkt somit vom Wettbewerb ab.[79]

Um die derzeitige Positionierung (Ist-Positionierung) zu bestimmen, hilft das System des Markenaufbaus bei der strukturierten Beantwortung. Dazu werden in einem ersten Schritt die Markenkernwerte betrachtet.

Markenkernwerte

Der Markenkern ist die Summe der inneren Werte einer Marke. Diese inneren Werte bzw. Markenkerne haben vier verschiedene Ausprägungen und sind bei jeder Marke unterschiedlich stark gewichtet:[80]

- Sachlich-funktional
- Ethisch-ideell
- Ästhetisch-kulturell
- Emotional.

Um die Kernwerte eines sozialen Unternehmens zu präzisieren, sind folgende Fragestellungen hilfreich:

---

79 Vgl. Pepels (2000): Kompaktlexikon Marketing- und Kommunikation, S. 204.
80 Vgl. Linxweiler (1999): Marken-Design – Marken entwickeln, Markestrategien erfolgreich umsetzen, S. 71.

- **Sachlich-funktional:** Welches ist die eigentliche Leistung/Tätigkeit des Unternehmens bzw. dessen einzigartiges Angebot?
- **Ethisch-ideell:** Welche Werte und Handlungsgrundsätze liegen dem Unternehmen zu Grunde. Können diese Werte und Handlungsgrundsätze als eine Art »Qualitäts- und Garantieversprechen« gelten?
- **Ästhetisch-kulturell:** (Wie) tritt das Unternehmen in die Öffentlichkeit? Stellt es sich transparent und mit einem klaren Profil dar?
- **Emotional:** Bei welchen Personen ruft das Unternehmen Gefühle hervor?

Durch die Beantwortung der aufgezeigten Fragen lassen sich die Markenkernwerte präzisieren, aus welchen wiederum die Ist-Positionierung formuliert werden kann.

Die Identifizierung der Markenkernwerte erfolgt sowohl über die eigene Innenansicht im Unternehmen als auch über die Außenansicht, also die Meinung externer Beobachter. Hierfür bieten sich sowohl organisationsinterne wie auch -externe Informationsbeschaffungsmaßnahmen wie Befragungen oder Umfragen an. Umfragen können anhand von Fragebögen unter den Mitarbeitern, Kunden, Lieferanten und weiteren Anspruchs- und Zielgruppen der NPO durchgeführt werden.

Ist-Positionierung

Wurden die Markenkernwerte identifiziert und präzisiert, kann darauf aufbauend in einem nächsten Schritt die Ist-Positionierung identifiziert werden. Die Ist-Positionierung beschreibt, wie die NPO derzeit wahrgenommen wird (von innen und außen). Sie formuliert also die momentane Positionierung (Selbstdarstellung) der Organisation auf Grundlage der Markenkernwerte.

In aller Kürze werden die Positionierungen zweier bekannter NPOs als Beispiel beleuchtet. Die dabei formulierten Positionierungen sind nach Meinung und externer Sicht durch die Autoren zustande gekommen und spiegeln unter Umständen nicht die von den NPOs gewollten Positionierungen wieder. Diese Tatsache soll auch verdeutlichen, dass zwischen der gewollten Selbstdarstellung (Soll-Positionierung) einer Organisation und der durch Außenstehende Betrachter empfundenen Positionierung (Ist-Positionierung) im »Auge des Betrachters« sehr wohl Unterschiede bestehen können.

SOS-Kinderdörfer Positionierung:

Bereits im Namen steckt der Unternehmenszweck dieser NPO. Es geht um Hilfe (SOS), um Kinder und um Dörfer. Bereits aus dem Namen heraus lassen sich das Tätigkeitsgebiet und die Aufgabe der SOS-Kinderdörfer ablesen: Hilfebedürftigen Kindern soll weltweit ein Zuhause geschaffen werden. Das Anliegen der SOS Kinderdörfer begrenzt sich somit auf eine bestimmbare Aufgabenstellung und einen durch Außenstehende (beispielsweise die Öffentlichkeit) leicht einzuordnenden Unternehmenszweck. Nähere Bestandteile der Positionierung, wie die Art und Weise der Unternehmenskommunikation oder das unternehmerische Verhalten des Unternehmens, sollen hier zunächst unberücksichtigt bleiben.

Deutsches Rotes Kreuz (DRK) Positionierung:
Bei dieser NPO kann nicht schon sofort aus dem Namen die konkrete Aufgabenstellung herausgelesen werden. Einige Aufgaben der Organisation wurden von der Öffentlichkeit gelernt, indem das DRK damit beständig wirbt (beispielsweise Blutspenden oder Katastrophenhilfe). Andere Aufgabenstellungen des DRK, wie sie der Leitsatz des Deutschen Roten Kreuzes definiert, werden von einem großen Teil der Bevölkerung weniger wahrgenommen: »Wir vom Roten Kreuz sind Teil einer weltweiten Gemeinschaft von Menschen in der internationalen Rotkreuz- und Rothalbmondbewegung, die Opfern von Konflikten und Katastrophen sowie anderen hilfebedürftigen Menschen unterschiedslos Hilfe gewährt, allein nach dem Maß ihrer Not. Im Zeichen der Menschlichkeit setzen wir uns für das Leben, die Gesundheit, das Wohlergehen, den Schutz, das friedliche Zusammenleben und die Würde aller Menschen ein.«[81]
Die Interpretation dieses Leitsatzes lässt neben den bereits genannten Aufgabenstellungen des DRK weitere Aufgabenbereiche vermuten, die von Außenstehenden weniger beachtet oder überhaupt nicht wahrgenommen werden.

Checkliste Unternehmensanalyse/Positionierung

Unternehmensanalyse:
✓ Welches sind die originären Leistungen der NPO?
✓ Worin liegt das einzigartige Angebot?
✓ Welche Werte und Handlungsgrundsätze liegen der NPO zu Grunde? Können diese Werte und Handlungsgrundsätze als eine Art »Qualitäts- und Garantieversprechen« gelten?
✓ Erfolgt ein Dialog mit der Außenwelt (Öffentlichkeit, Politik, Unternehmen, Vereine etc.)?
✓ Ist der Dialog transparent und offen geführt?
✓ Ist ein klares Unternehmensprofil erkennbar? Wofür steht die NPO – wofür ist sie bekannt?

Ist-Positionierung:
✓ Wie sieht sich die NPO selbst? Wie wird sie von außen wahrgenommen?
✓ Stimmen die eigene Sicht und die Fremdeinschätzung überein?
✓ Ist die NPO mit der bestehenden Fremdeinschätzung (externe Ist-Positionierung) einverstanden oder möchte sie von Außenstehenden anders wahrgenommen werden (Soll-Positionierung)?
✓ Welche Stärken und Schwächen lassen sich aus der Ist-Positionierung identifizieren?
✓ Wie sind diese zu bewerten?

Abbildung 6: Checkliste zur Unternehmensanalyse/Positionierung

---

81 Vgl. http://www.drk.de/wer–wir–sind/index.htm, Zugriff am 12.06.06.

1.2 Umfeldanalyse

Als Unternehmensumfeld werden die Rahmenbedingungen bezeichnet, innerhalb derer sich ein soziales Unternehmen bewegt. Die Analyse fokussiert dabei auf nicht beeinflussbare Faktoren und Bezugsgruppen aus dem unternehmerischen Umfeld, die als Rahmendaten für die strategische Marketingplanung von Bedeutung sind. Die Umfeldanalyse liefert wichtige Fakten für die strategische Marketingplanung, da innerbetriebliche Entscheidungen oftmals von außerbetrieblichen Sachverhalten ausgehend getroffen werden.[82]

Eine beliebte Methode außerbetriebliche Sachverhalte abzubilden ist die PEST-Analyse. Diese unterscheidet folgende Faktoren:[83]

- Politische (political) Einflussfaktoren
- Ökonomische (economical) Einflussfaktoren
- Soziale (social) Einflussfaktoren
- Technologische (technological) Einflussfaktoren

Politische Faktoren	Soziale Faktoren
Arbeitsmarktpolitik Steuersystem Handelshemmnisse Kartellgesetzgebung	Demografie Einkommensverteilung Konsum- und Freizeit Bildungsniveau Soziale Mobilität
Ökonomische Faktoren	**Technologische Faktoren**
Konjunktur Inflation Arbeitslosigkeit Ressourcen	Produktinnovationen Produktionstechnologien Telekommunikation

Abbildung 7: Die Analyse des allgemeinen Umfeldes (PEST)[84]

Bezogen auf den Dritten Sektor ist hierbei insbesondere die Beachtung folgender Einflussfaktoren von Bedeutung:

- Wichtige **politische Gegebenheiten** und Entscheidungen, die Auswirkungen auf die wirtschaftliche wie auch finanzielle Situation der Non-Profit-Organisation haben können (beispielsweise Änderungen des Pflegegesetzes).

---

82 Vgl. Kotler; Bliemel (2001), S. 189 und 279.
83 Vgl. Becker (2002), S. 916.
84 In Anlehnung an Becker (2001), S. 916.

- **Gesamtwirtschaftliche Bedingungen** und Veränderungen wie konjunkturelle Schwankungen oder Wettbewerbsbedingungen (beispielsweise zunehmende Kürzung öffentlicher Mittel für gemeinnützige Organisationen).
- **Demografische Entwicklungen**, Einstellungen oder Werte (beispielsweise die steigende Überalterung der Deutschen Bevölkerung).
- **Produkt- und Prozessinnovationen** (beispielsweise neue Technologiestandards im Pflegebereich).

Je nach Sachlage ist die PEST-Analyse nicht immer ausreichend und muss durch weitere Parameter ergänzt werden. Beispielsweise kann es ebenfalls wichtig sein, direkte Austauschbeziehungen mit den Partnern im Umfeld (Politik, Gesellschaft, Bürger) zu unterhalten.[85]

Wie eine solche PEST-Analyse aufgebaut sein kann, wird nachfolgend anhand des **Beispiels eines Hospizes** skizziert: Politische Einflussfaktoren innerhalb dieses Themenbereiches sind beispielsweise die aktuelle Gesetzeslage in Deutschland zur aktiven, indirekten und passiven Sterbehilfe (vgl. § 216 StGB) wie auch aktuelle Diskussionen rund um die Gesetzesentwürfe zur Patientenverfügung. Anfallende Kosten für den Aufenthalt im Hospiz sowie die Übernahme dieser Kosten (z. B. durch die Krankenkassen oder auch Zuschüsse) können als ökonomische Einflussfaktoren identifiziert werden. Zu sozialen (oder auch demografischen) Einflussfaktoren zählen die sich verändernde Altersstruktur in Deutschland, der zunehmende Pflegebedarf in Deutschland oder die aktuelle Inanspruchnahme hospizlicher und palliativer Begleitung in Deutschland. Darüber hinaus könnte auch das allgemeine Wissen der deutschen Bevölkerung rund um die Thematik Hospiz, Sterbehilfe und -begleitung von Interesse sein. Technologische Standards und neueste Entwicklungen die bei der Patientenversorgung eingesetzt werden (z. B. technische Geräte), stellen wiederum technologische Einflussfaktoren dar.

Checkliste zur Umfeldanalyse

✓ Welche, für den Unternehmensbetrieb der NPO relevanten, gesellschaftlichen Entwicklungen und Veränderungen zeichnen sich ab?
✓ Welche technologischen Entwicklungen beeinflussen den eigenen Tätigkeitsbereich?
✓ Beeinflussen aktuelle gesamtwirtschaftliche Bedingungen oder Veränderungen die eigene Arbeit?
✓ Welche rechtlichen Rahmenbedingungen sind zu beachten?
✓ Welche weiteren externen Rahmenbedingungen müssen darüber hinaus beachtet werden?

Abbildung 8: Checkliste zur Umfeldanalyse

---

85   Vgl. Schwarz;Purtschert;Giroud (1999), S. 152.

1.3 Marktanalyse

Die Marktanalyse betrachtet die unmittelbare Umgebung einer Organisation, sozusagen das Spielfeld auf dem sie sich bewegt. Diese Analyse dient dazu, den Markt so objektiv und umfassend wie möglich kennenzulernen.

Üblicherweise werden zur Marktanalyse zumeist Kennzahlen wie beispielsweise Marktpotenzial, Marktvolumen, Absatzvolumen sowie Marktanteil herangezogen.[86] Diese Kennzahlen sollen hier jedoch vernachlässigt werden. Wichtiger erscheint die Bestimmung des relevanten Marktes sowie die Bestimmung der Wettbewerbsdeterminanten. Dadurch wird das Spielfeld abgegrenzt und erhält Seitenlinien.

Marktabgrenzung

Die Marktabgrenzung wird aufgeteilt in eine räumliche, zeitliche sowie eine sachliche Abgrenzung. Die räumliche Abgrenzung überprüft, ob die Leistungen bzw. die Produkte des Sozialunternehmens lokal, regional, national oder international nachgefragt werden. Die zeitliche Abgrenzung legt fest, ob es für die Dienstleistungen und Produkte des Unternehmens saisonbedingte oder zeitlich bedingte Nachfrageschwankungen gibt. Innerhalb der sachlichen Abgrenzung wird definiert, welche Leistungen anderer Unternehmen mit den Leistungen des eigenen Unternehmens konkurrieren.[87]

Art und Anzahl der Marktteilnehmer

Ist die grundlegende Abgrenzung des Marktes erfolgt, so werden in einem nächsten Schritt Anzahl und Art der Marktteilnehmer betrachtet. So lässt beispielsweise die Dichte der bereits vorhandenen Organisationen darauf schließen, ob der Eintritt sowie die Etablierung auf einem bestehenden Markt unter einfachen oder erschwerten Bedingungen erfolgen könnte.[88]

Am **Beispiel eines Altenheimes** kann eine mögliche Marktbestimmung und -abgrenzung relativ einfach dargestellt werden. Der Betreiber eines Altenheimes in einer Kleinstadt mit 100.000 Einwohnern bietet eine bestimmte Anzahl an Heimplätzen mit vielfältigen Angeboten und Dienstleistungen rund um die Pflege von älteren Menschen an (betreutes Wohnen, Kurzzeitpflege, offener Mittagstisch, Essen auf Rädern etc.). Die sich auf diesem Markt für den Betreiber ergebenden Analyse- und Abgrenzungsgrundlagen sind zum einen die 100.000 Einwohner der Kleinstadt und die daraus folgende

---

86 Vgl. Becker (2002), S. 392.
87 Vgl. Meffert (2000), S. 37.
88 Vgl. Sander (2004): Marketing-Management. Märkte, Marktinformationen und Marktbearbeitung, S. 24.

demografische Entwicklung, welche aufgrund statistischer Hochrechnungen prognostiziert werden kann. Neben dieser potentiellen Zielgruppe muss das Altenheim auch Lieferanten und Zulieferer, Partnerunternehmen sowie Wettbewerber im Auge behalten.

Checkliste zur Marktanalyse

✓ Wo werden die Produkte der NPO nachgefragt (lokal, regional, national oder international)?

✓ Was ist das Besondere an dem Markt der NPO? Was zeichnet ihn aus?

✓ Wie groß ist der Markt (wie viele Marktteilnehmer gibt es, sofern diese Zahl bestimmbar ist)?

✓ Ist der Markt nach bestimmbaren Parametern aufgeteilt (beispielsweise nach geografischen, zeitlichen oder anderen Kriterien)?

✓ Welches Marktpotenzial ist für die NPO ersichtlich?

✓ Welche Veränderungen des Marktes sind zu erwarten (Produktion, Technik, Teilnehmer)?

✓ Welche Markt- und Wachstumstrends sind absehbar?

Abbildung 9: Checkliste zur Marktanalyse

1.4 Wettbewerbsanalyse

Neben den Komponenten Marktabgrenzung sowie Art und Anzahl der Marktteilnehmer, werden einer Marktanalyse üblicherweise die Komponenten Wettbewerbs- sowie Zielgruppenanalyse nebengeordnet.[89]

Zur Bestimmung der Wettbewerbsdeterminanten dienen die Überlegungen Michael Porters, der davon ausgeht, dass die Strukturmerkmale einer Branche die Intensität und Dynamik des Wettbewerbs beeinflussen. Porter unterscheidet fünf Wettbewerbskräfte, welche die Attraktivität eines Marktes bestimmen.

Nach diesem Fünf-Kräfte-Modell erzeugen alle Unternehmen, egal ob sie auf dem Ersten oder Dritten Sektor tätig sind, Produkte und Leistungen und bringen diese mittels eines Paketes aus Preis, Leistung und ergänzenden Serviceleistungen an den Kunden. Jedes Unternehmen agiert somit in einem Gefüge aus Lieferanten, Abnehmern, Substituten, Wettbewerbern und neuen Marktteilnehmern. Porters Modell stellt dabei hauptsächlich auf eine Betrachtung der aktuellen Situation (Kunden, Lieferanten, Wettbewerber etc.) sowie auf die vorhersehbaren Entwicklungen (neue Marktteilnehmer, Ersatzprodukte) ab. Wettbewerbsvorteile ergeben sich nach diesem Modell aus einer dauerhaften Stärkung der eigenen

---

89 Vgl. Bodenstein; Spiller (1998): Marketing. Strategien, Instrumente und Organisation, S. 43.

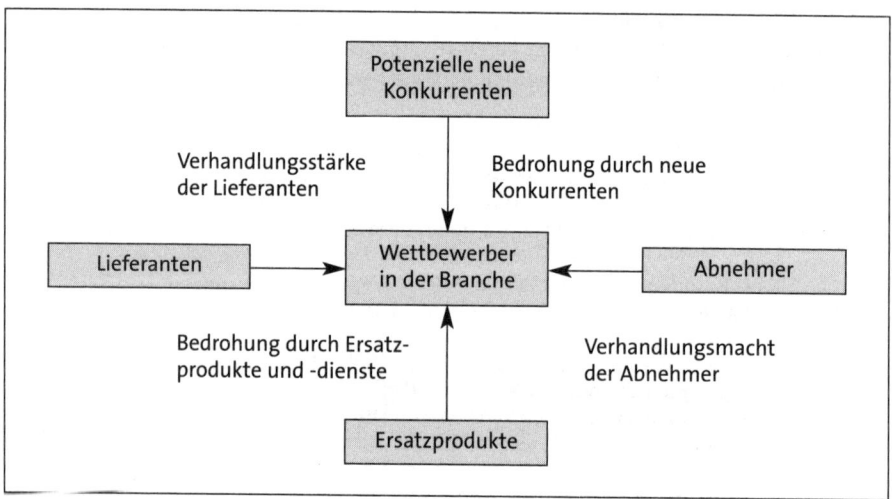

Abbildung 10: Porters Fünf-Kräfte-Modell[90]

Unternehmensposition innerhalb des Fünf-Kräfte-Systems.[91] Hier soll die Identifikation der Wettbewerber sowie die Bestimmung des Rivalitätsgrades dieser Unternehmen untereinander im Mittelpunkt der Überlegungen stehen. Dazu werden aktuelle sowie potentielle Konkurrenten des Sozialunternehmens identifiziert und untersucht. Häufig werden dabei direkte und indirekte Wettbewerber unterschieden.

Direkte Wettbewerber zeichnen sich dadurch aus, dass sie identische Produkte bzw. Leistungen beim gleichen Kundenkreis anbieten. Dagegen bieten indirekte Wettbewerber andersartige Produkte beim selben Kundenkreis an. Wurden Art und Anzahl der Wettbewerber identifiziert, so gilt es nun, diese in einem nächsten Schritt anhand folgender Fragen (so weit möglich) zu durchleuchten:[92]

- Welches sind die **Strategien der Wettbewerber** (beispielsweise hohe Qualität oder niedrige Preise)?
- Wie lauten deren **Ziele** (beispielsweise Qualitätsführerschaft oder Kostenführerschaft)?
- Wo liegen deren **Stärken und Schwächen** (Haben die Wettbewerber die notwendigen Ressourcen und Fähigkeiten, um ihre Strategien auszuführen und die gesetzten Ziele zu erreichen)?

---

90 In Anlehnung an Bodenstein; Spiller (1998), S. 144.
91 Vgl. Bodenstein; Spiller (1998), S. 144 f.
92 Vgl. Kotler; Bliemel (2001), S. 657–663.

An dieser Stelle soll das **Beispiel des Altenheimes** wieder aufgegriffen werden. Welche potentiellen Wettbewerber, direkte und indirekte, hat das Altenheim? Direkte Wettbewerber könnten weitere Altenheime sein, die sich in der selben Kleinstadt bzw. in der unmittelbaren Umgebung der Stadt ansiedeln. Als indirekte Wettbewerber könnten mobile Pflegedienste oder auch Krankenhäuser mit einem Kurzzeitpflege-Angebot identifiziert werden. Um über den neuesten Stand der Entwicklungen auf diesem Markt informiert zu sein, sollte der Betreiber des Altenheimes nun auf das Genaueste prüfen, welche speziellen Angebote die Wettbewerber haben und in welcher Form sich deren Produkte/Dienstleistungen von den eigenen unterscheiden. Auf dieser Grundlage kann er dann entscheiden, ob Veränderungen oder Erweiterungen der Angebotspalette oder der Kommunikation mit der Umwelt in Erwägung gezogen werden müssen.

Checkliste zur Wettbewerbsanalyse

✓ Gibt es direkte Wettbewerber?
✓ Gibt es indirekte Wettbewerber?
✓ Ist die Strategie der Wettbewerber bekannt?
✓ Sind deren Ziele abschätzbar?
✓ Welches sind die Stärken und Schwächen der Wettbewerber im Vergleich mit der eigenen NPO?
✓ Könnten die identifizierten Wettbewerber auch als potentielle Partner für die Belange der eigenen Unternehmenstätigkeit gewonnen werden?

Abbildung 11: Checkliste zur Wettbewerbsanalyse

1.5 Zielgruppenanalyse

Die Bestimmung der anzusprechenden Zielgruppe sowie eine genaue Kenntnis dieser ist die Voraussetzung einer strategisch geplanten Marketing- und Kommunikationsarbeit. Die Inhalte sowie die Tonalität (Art und Weise der Vermittlung) der Kommunikationsmaßnahmen muss exakt auf die Zielgruppen ausgerichtet und zugeschnitten werden. Die Zielgruppenanalyse teilt den Markt in einzelne Kundengruppen. Diese so genannten Marktsegmente zeichnen sich dadurch aus, dass ihre Bedürfnisse jeweils mit einem bestimmten Marketing-Mix, insbesondere mit einer spezifischen Kommunikationsstrategie, befriedigt werden können.[93]

Die Strukturierung der Zielgruppe erfolgt nach demografischen, geografischen sowie psychografischen Kriterien und Verhaltensmustern. Je präziser die Zielgruppe dabei unterschieden wird, umso einfacher ist es später, die Zielgruppen anzusprechen und zu erreichen.[94]

---

93 Vgl. Meffert (2000), S. 186 f.
94 Vgl. Dörrbecker; Fissenewert-Goßmann (1996), S. 68.

Geografie

Die geografische Zielgruppenbestimmung legt das räumliche Zielgebiet fest, in welchem die Zielpersonen angesprochen werden sollen. Sie beschreibt somit die Reichweite der kommunikativen Aktivitäten eines Unternehmens. Als Reichweite wird der Anteil der Bevölkerung oder einer bestimmten Untergruppe bezeichnet, die zu einem bestimmten Zeitpunkt oder in einem bestimmten Zeitraum Kontakt mit den Kommunikationsmaßnahmen des Unternehmens haben bzw. hatten.[95]

Demografie

Mit Hilfe der demografischen Zielgruppenanalyse werden die Zielpersonen in Gruppen eingeteilt. Dies erleichtert später eine zielgruppenadäquate Ansprache. Zu den demografischen Merkmalen gehören Alter, Geschlecht, Familienstand, Einkommen, Haushaltsgröße, Kinderzahl oder auch der Bildungsstand. Diese Daten lassen sich mit Hilfe deskriptiver Statistiken, die regelmäßig von statistischen Bundes- bzw. Landesämtern aufgestellt werden, ermitteln.[96]

Psychografie und Verhaltensmuster

Psychografische Merkmale und erfahrbare Verhaltensweisen helfen darüber hinaus bei der Zielgruppendefinition. Mit Hilfe solcher Merkmale und Verhaltensweisen können gewünschte Reaktionen (Kauf, Zustimmung, Aufmerksamkeit, etc.) der angesprochenen Personen auf die (kommunikativen) Aktivitäten des Unternehmens besser ersichtlich bzw. prognostizierbar gemacht werden. Dazu werden Einstellungen, Motive, Kaufabsichten sowie Lebensstile der Zielgruppe betrachtet. Die Ermittlung verschiedener Einstellungen, Verhaltensmuster und Bedürfnisse wird beispielsweise anhand einer Unterteilung in Gruppen mit vergleichbaren Denk- und Handlungsweisen durchgeführt. Diese Gruppen werden häufig als so genannte soziale Milieus bezeichnet, mit deren Hilfe sich Kundenwünsche besser identifizieren und segmentspezifische Angebote erstellen lassen.[97]

Dazu stellen spezielle Markt- und Meinungsforschungsinstitute Studien zu bestimmten Produktbereichen oder Sonderzielgruppen zur Verfügung, wie beispielsweise die Verbraucher-Analyse (VA), die Allensbacher Werbeträger-Analyse (AWA) oder die Typologie der Wünsche Intermedia (TDWI).[98]

---

95 Vgl. Meffert (2000), S. 189.
96 Vgl. Purtschert (2005): Marketing für Verbände und weitere Nonprofit Organisationen, 2. Auflage, S. 198.
97 Vgl. Bodenstein; Spiller (1998), S. 47.
98 Vgl. Unger in: Gemeinschaftswerk der Evangelischen Publizistik (2005): Öffentlichkeitsarbeit für Nonprofit Organisationen, S. 835–854.

Bezogen auf das **Beispiel des Altenheimes** kann die relevante Zielgruppe folgendermaßen definiert werden: Potentielle Kunden des Altenheimes sind ältere Menschen im Einzugsgebiet der Kleinstadt sowie deren Verwandte, Bekannte, Berater und Betreuer.

Checkliste zur Zielgruppenanalyse

✓ Wer sind unsere Zielgruppen?
✓ Wie werden sie genauer definiert?
✓ Wo finden wir unsere Zielgruppen (aus geografischer oder aber auch technologischer Sicht – Beispiel: Zielgruppen werden nur über moderne Kommunikationsmedien erreicht)?
✓ Welche demografischen Merkmale (Alter, Geschlecht, Bildungsstand, Einkommen, etc.) zeichnen die Zielgruppen aus?
✓ Können bestimmte Einstellungen oder Verhaltensweisen vorausgesagt werden?

Abbildung 12: Checkliste zur Zielgruppenanalyse

2 Schritt 2: Die Situationsbewertung – SWOT-Analyse

Die gewonnenen Erkenntnisse aus der Analysephase, insbesondere durch die Betrachtung von Umfeld, Markt, Unternehmen, Wettbewerb und Zielgruppe, erlauben eine erste Situationsbewertung.

Eine solche Situationsbewertung wird häufig mit Hilfe der SWOT-Analyse vollzogen. Der Begriff »SWOT« entstammt dem englischen Sprachgebrauch und steht für die Abkürzungen:

- S = Strengths (Stärken)
- W = Weaknesses (Schwächen)
- O = Opportunities (Chancen)
- T = Threats (Risiken).

Diese Abkürzungen stellen gleichzeitig die vier Bewertungskriterien der SWOT-Analyse dar, welche aus den zuvor ermittelten Daten herausgearbeitet werden. Stärken und Schwächen werden i. d. R. als unternehmensinterne, Chancen und Risiken als unternehmensexterne Komponenten betrachtet. Die Ergebnisse der eigenen Unternehmensanalyse zeigen demzufolge jene Faktoren auf, die als relevante Stärken und Schwächen einzustufen sind, wohingegen Umfeld-, Markt-Wettbewerbs- sowie die Zielgruppenanalyse zur Identifikation potentieller Chancen und Risiken führen.[99]

---

99 Vgl. Kotler; Bliemel (2001), S. 132.

	Stärken	Schwächen
Chancen	Ausbauen	Aufholen
Risiken	Absichern	Meiden

Abbildung 13: Die SWOT-Analyse[100]

Stärken

Die Stärken eines Unternehmens sollten in seinen Kernkompetenzen liegen. Diese Stärken gilt es herauszuarbeiten und zu nutzen, bzw. Gewinn bringend einzusetzen. Das Alleinstellungsmerkmal eines Unternehmens ist eine solche Kernkompetenz. Dieser so genannte USP (= Unique Selling Proposition) ist der einzigartige Verkaufsvorteil eines Unternehmens, welcher es von seinen Konkurrenten unterscheidbar macht und von ihnen abgrenzt. Gemeint ist der spezifische Nutzen des Unternehmens für die angesprochene Zielgruppe. Dieser Nutzen kann sich sowohl auf das Unternehmen selbst wie auch auf dessen Produkte beziehen.[101]

Schwächen

Schwächen sind die Nachteile eines Unternehmens – bezogen auf dessen eigene Ansprüche als auch im Vergleich mit seinen Konkurrenten. Dazu gilt es exakt zu ermitteln, beispielsweise bezogen auf die Wettbewerber, welche Vorgänge innerhalb des eigenen Unternehmens denen der anderen Unternehmen unterliegen, was verbesserungsfähig ist und was unbedingt vermieden werden sollte. Jedoch können auch ganz allgemeine, nicht-konkurrenzbezogene Schwächen benannt werden und Lösungsvorschläge bzw. Alternativen zur bisherigen Umsetzung diskutiert werden.[102]

Chancen

Chancen sind positive Umfeldbedingungen, die ein Marktvorhaben günstig beeinflussen oder unterstützen. Dazu zählen neben dem Markt auch Kunden, Gesetze, Politik, Technologien, Zielgruppenverhalten etc. Diese Umfeldbedingungen gilt es im Auge zu behalten, um zu erkennen, welche Möglichkeiten sich für das Unternehmen abzeichnen und welche Maßnahmen dies erfordert.[103]

Chancen müssen sowohl auf ihre Erfolgswahrscheinlichkeit sowie ihren Nutzen für das Unternehmen hin beobachtet werden. Die Erfolgswahrscheinlichkeit

---

100 In Anlehnung an Pepels (2000), S. 52.
101 Vgl. Mühlbacher in: Diller (1992): Vahlens großes Marketing-Lexikon, S. 1177.
102 Vgl. Pepels (2004), S. 1240 f.
103 ebenda, S. 1242.

hängt dabei zum einen davon ab, ob unternehmerische Stärken (also die Kern-kompetenzen) und Erfolgserfordernisse im Zielmarkt zusammenpassen. Zum an-deren müssen die unternehmensinternen Stärken die Stärken der Konkurrenz übertreffen. Jene Unternehmen besitzen dabei die größten Chancen, welche den größten Kundennutzen schaffen und langfristig aufrecht erhalten. Dazu bedarf es einer konsequenten und dauerhaften Kontrolle.[104]

Risiken

Die gegebenen Umfeldbedingungen müssen sich für ein Unternehmen jedoch nicht zwangsweise als Chancen darstellen, sondern können sich auch als Risiken entpuppen. Es gilt, diese Risiken zu ermitteln. Als Risiken werden negative Um-feldbedingungen bezeichnet, die ein Marktvorhaben behindern und den ange-strebten Erfolg gefährden können.[105]

Um die potentiellen Risiken besser abschätzen und einordnen zu können, bie-ten sich folgende Überlegungen an: Welche Bedrohungen können auf das Unter-nehmen zukommen? Welche Hindernisse und Probleme deuten sich bereits an? Wie agiert und reagiert der Wettbewerb? Ändern sich die Marktanforderungen? Wird unsere Kernkompetenz irrelevant? Welche Bedrohung kann unternehmens-kritisch werden? Und: Wie realistisch sind die sich andeutenden Risiken einzu-schätzen.[106]

Wurden die Stärken, Schwächen, Chancen und Risiken mit Hilfe der SWOT-Analyse ermittelt, so kann auf diese in einem nächsten Schritt angemessen rea-giert werden.

Checkliste zur SWOT-Analyse

✓ Welches sind die Stärken/Kernkompetenzen der NPO?
✓ Wie lassen sich diese weiter ausbauen?
✓ Welches sind die Schwächen der NPO (insbesondere bezogen auf die Konkurrenten)?
✓ Wie lassen sich diese minimieren oder beseitigen?
✓ Welche künftigen Chancen zeichnen sich für die NPO ab (Aktuelle Ereignisse sorgen für ein gesteigertes Interesse der Unternehmensleistung)?
✓ Wie können diese Chancen genutzt werden?
✓ Welche Risiken zeichnen sich für die NPO ab?
✓ Wie können diese umgangen werden?

Abbildung 14: Checkliste zur SWOT-Analyse

---

104 Vgl. Kotler; Bliemel (2001), S. 132.
105 Vgl. Lang (2000): Die Marketing-Konzeption. Einfach und systematisch. Visionen und Ziele in Markterfolge umsetzen, S. 108.
106 Vgl. Hemel (2005): Wert und Werte. Ethik für Manager – Ein Leitfaden für die Praxis, S. 174 f.

Zeichnet es sich ab, dass sich unternehmenseigene Stärken mit einer möglichen Chance verbinden lassen, so sollten diese in jedem Falle weiterentwickelt bzw. ausgebaut werden. Werden Stärken in Zusammenhang mit einem möglichen Risiko identifiziert, so sollten diese zumindest abgesichert werden, damit das Risiko nicht an Überhand gewinnt. Eine Schwäche kann oftmals in Verbindung mit einer Chance in eine Stärke umgewandelt werden. Aus diesem Grund gilt es, benannte Schwächen aufzuholen. Stellt sich die Schwäche jedoch in Verbindung mit einem Risiko dar, so ist dies i. d. R. ein unüberwindbares Risiko und sollte möglichst vermieden werden.

3 Schritt 3: Die Zielsetzung

> *»Was nützt der beste Wind, wenn man nicht weiß, wohin man segeln will.«*
> Seneca

Konzeptionelle Marketing- und Kommunikationsarbeit zeichnet sich durch klare Zielfestlegungen aus. Dazu gilt es nach Abschluss von Analyse und Bewertung der strategischen Ausgangslage, konkrete Ziele des Unternehmens zu definieren.

Ziele sind inhaltlich und zeitlich definierte Endpunkte einer geplanten Entwicklung und werden aus den Ergebnissen der SWOT-Analyse abgeleitet. Um erfolgsorientiert arbeiten zu können, müssen präzise, terminierte und möglichst messbare Ziele gesetzt werden. Nur wer genau weiß, wo er hin will, kann zielführend arbeiten. Erst klare und realistische Ziele ermöglichen es, den Weg festzulegen, zu beschreiben – und zu beschreiten.[107]

Neben der Festlegung des Wesens der Ziele bzw. der Zielunterscheidung nach qualitativen und quantitativen Zielen, werden nachfolgend Aufbau und Arten von Zielen betrachtet.

3.1 Wesen von Zielen

Man unterscheidet zwei generelle Zielarten:

Quantitative Ziele sind Ziele, die in Geld- oder in Mengendimensionen angegeben werden (beispielsweise Umsatz- oder Rentabilitätsziele). Sie sind konkret messbar.[108]

Bezogen auf den Dritten Sektor lassen sich beispielhaft folgende quantitative Ziele darstellen:

---

107 Vgl. Dörrbecker; Fissenewert-Goßmann (1996), S. 61.
108 Vgl. Becker (2002), S. 109.

- Erhöhung der Mitgliederzahl einer Organisation
- Erhöhung des Spendenaufkommens
- Erhöhung der Kundenanzahl
- Erhöhung des Umsatzes
- Verringerung der Verwaltungskosten.

Bezugnehmend auf das zuvor aufgezeigte **Beispiel eines Hospizes**, könnte dessen quantitatives Ziel beispielsweise die Erweiterung des Hospizplatzangebotes um weitere 5 Plätze sein.

Qualitative Ziele lassen sich dagegen nicht bzw. nur schwer messen. Ihnen kommt für die Steuerung des »Social Marketingprozesses« und die Erzielung von Marketingerfolgen jedoch zumeist eine große Bedeutung zu. Viele Marketingaktivitäten sind nicht unmittelbar auf monetäre Ziele hin ausgerichtet, sondern tragen dazu bei, Voraussetzungen für die Realisierung monetärer Ziele zu schaffen. Als solche Voraussetzungen sind etwa Bekanntheitsgrad- oder Imageziele anzusehen.[109]

Qualitative Ziele einer Non-Profit-Organisation können beispielsweise lauten:
- Verbesserung des Images
- Erhöhung des Bekanntheitsgrades
- Ausbau der Marktkenntnisse
- Stärkung der Kundenbeziehungen.

Neben dem quantitativen Ziel der **Hospizplatzerweiterung** um 5 Plätze, könnten sich die qualitativen Ziele des Hospizes auf die Art und Ausgestaltung dieser zusätzlichen Plätze beziehen. D. h. an dieser Stelle spielen Überlegungen zu den Qualitätsanforderungen wie die Unterbringung in einem Einzel- oder Mehrbettzimmer oder ausreichend vorhandene Personalressourcen, um eine individuelle und vor allem zeitintensive Pflege sicherstellen zu können, eine entscheidende Rolle. Darüber hinaus könnten das Angebot an seelsorgerlicher Begleitung sowie die Möglichkeit zur Einbeziehung der Anverwandten in den Hospizalltag weitere wichtige qualitative Ziele darstellen.

3.2 Aufbau und Arten von Zielen

Es gibt verschiedene Arten von Zielen, die sich in verschiedene Zieldimensionen gliedern. Diese unterscheidet man gleichzeitig auch nach dem Zeithorizont in kurz-, mittel- bzw. langfristige Ziele. Der Aufbau dieser Zieldimensionen wird anhand einer Pyramide veranschaulicht.

---

109   ebenda, S. 110.

Abbildung 15: Die Zielpyramide und ihre Bausteine[110]

Die Spitze dieses Systems bilden übergeordnete Wertvorstellungen des Unternehmens. Diese stellen wiederum die Grundlage für die Definition von Vision und eigentlichem Unternehmenszweck dar. Auf der Basis dieser Vision werden anschließend die konkreten Unternehmensziele abgeleitet. Diese sind selbst wieder Orientierungsgrößen für die nachgelagerten Bereichs- und Aktionsfeld- bzw. Instrumentalziele. Beim Aufbau der Zielhierarchie findet dabei zum einen eine zunehmende Konkretisierung der Ziele statt, zum anderen nimmt die Zahl der Ziele durch die Detaillierung erheblich zu. Alle Ziele stehen insgesamt in einer strengen Zweck-Mittel-Beziehung zueinander. Dies bedeutet, dass ein untergeordnetes Ziel zugleich das Mittel für die Verwirklichung des jeweils darüber liegenden Zieles darstellt.

Nachfolgend werden die Dimensionen/Inhalte der verschiedenen Zielarten aufgezeigt, welche es durch das Unternehmen zu bestimmen gilt.

---

110 In Anlehnung an Becker (2002), S. 28.

Allgemeine Wertvorstellungen (Basic Beliefs)

Basic Beliefs sind grundlegende Wertaussagen des Unternehmens. Sie zeigen, dass das Unternehmen nicht nur ein einzelwirtschaftlich orientiertes Gebilde ist, sondern ihm auch gesamtwirtschaftliche Aufgaben zukommen. Die allgemeinen Wertvorstellungen bilden somit den kulturellen bzw. traditionellen Hintergrund des Unternehmens und können als Geschäftsgrundsätze im Sinne einer Art Unternehmensverfassung bezeichnet werden. Sie reichen von Positionierungsfragen gegenüber Gesellschafts-, Wirtschafts- und Wettbewerbsordnungen bzw. -politiken bis hin zu allgemeinen Grundprinzipien für den Umgang mit Mitarbeitern, Kunden, Kapitaleignern, Lieferanten, Konkurrenten oder auch der Öffentlichkeit. Mit der Festlegung der allgemeinen Wertvorstellungen werden demzufolge wichtige Dimensionen der Unternehmensidentität selbst angesprochen.[111]

Die allgemeinen Wertvorstellungen von Non-Profit-Organisationen ergeben sich oftmals schon aus ihrer Zugehörigkeit zu einer Dachorganisation, beispielsweise der katholischen Kirche. Folglich handelt die NPO entsprechend den Glaubenswahrheiten und ethischen Grundsätzen der katholischen Kirche.

Unternehmenszweck – Vision und Mission

Unternehmen können auf Dauer nicht allein dadurch auf dem Markt bestehen, dass sie ehrgeizige Oberziele formulieren. Sie müssen ihrem Handeln auch eine schlüssige Unternehmensphilosophie zugrunde legen. Eine solche Philosophie wird getragen durch Mission und Vision des Unternehmens und stellt gleichzeitig den Unternehmenszweck dar.

Die Vision formuliert einen ehrgeizigen Anspruch zur Mobilisierung von Leistungsreserven des Unternehmens und drückt dementsprechend eine ehrgeizige Weiterentwicklung des Unternehmens aus. Echte Visionen setzen Kreativität, Mut und Zielstrebigkeit in der Verfolgung voraus.[112]

> So hatte beispielsweise Hermann Gmeiner die **Vision**, dass eines Tages alle Kinder dieser Welt in der Geborgenheit einer Familie aufwachsen können. Aus diesem Grund gründete er im Jahr 1949 das erste SOS-Kinderdorf in Imst, Südtirol. Heute werden 439 SOS-Kinderdorf-Einrichtungen in 131 Ländern der Erde unterhalten.[113]

Im Gegensatz zur Vision, beinhaltet die Mission eines Unternehmens klare Aussagen zum Ziel der unternehmerischen Tätigkeit und konkretisiert den eigentlichen

---

111 Vgl. Becker (2002), S. 29.
112 ebenda, S. 43–48.
113 Vgl. o.V. http://www.sos-kinderdoerfer.de, Zugriff am 24.04.06.

Unternehmenszweck. Sie definiert also den Handlungsrahmen bzw. die Handlungsrichtung und besitzt eine Sinn gebende Funktion für das Unternehmen bzw. dessen Zweck oder Anliegen.[114]

> Die **Mission von Unicef** stellt sich beispielsweise wie folgt dar:
> »UNICEF (United Nations Children's Fund) ist das Kinderhilfswerk der Vereinten Nationen, das sich weltweit für das Wohl von Kindern und Frauen einsetzt. UNICEF ist politisch und konfessionell unabhängig und arbeitet vorrangig an der Verbesserung der Lebensbedingungen für Kinder in den Entwicklungsländern. Diesen Kindern fehlen wichtige Voraussetzungen für eine gesunde Entwicklung: sauberes Wasser, sanitäre Einrichtungen, eine ausreichende und ausgewogene Ernährung, medizinische Betreuung und Grundschulen. UNICEF setzt sich als Anwältin der Kinder dafür ein, dass die 1989 von den Vereinten Nationen verabschiedete und von fast allen Staaten ratifizierte Konvention über die Rechte des Kindes weltweit verwirklicht wird.«[115]

Die ziel-strategischen Antworten auf die Fragestellungen zur Formulierung der Mission stellen Aussagen zur Unternehmensgegenwart dar. Bei bereits bestehenden Unternehmen handelt es sich um die Beschreibung der Ist-Situation, bei neu zu gründenden Unternehmen dagegen um die Formulierung ziel-strategischer Absichten bezogen auf das künftige unternehmerische Handeln.[116]

Unternehmensziele

Das Ober- bzw. Unternehmensziel von Wirtschaftsunternehmen ist im Allgemeinen die Gewinnerzielungsabsicht. Dies ist insofern von Nöten, als dass jedes Unternehmen monetäre Ziele verfolgen muss, um auf dem Markt bestehen zu können. Aus diesem Grund kann die Gewinnerzielungsabsicht als das Hauptziel von Unternehmen angesehen werden.[117]

Non-Profit-Organisationen zeichnen sich i. d. R. jedoch dadurch aus, dass sie nicht gewinnorientiert arbeiten. Die Unternehmensziele dieser Organisationen sind aus diesem Grund zumeist qualitative Ziele. Allerdings gewinnt die Beschaffung finanzieller Ressourcen zur Sicherstellung der Arbeit auch im Dritten Sektor zunehmend an Bedeutung. Aus diesem Grund stellt die Generierung finanzieller Zuwendungen, bzw. die Schaffung von Voraussetzungen dafür, immer häufiger ein Unternehmensziel gemeinnütziger Organisationen dar.[118]

---

114 Vgl. Bruhn (2005), S. 151 ff.
115 Vgl. o. V. http://www.unicef.ch, Zugriff am 19. 12. 2005.
116 Vgl. Becker (2002), S. 43.
117 Vgl. Homburg; Krohmer (2003): Marketingmanagement. Strategie – Instrumente – Umsetzung – Unternehmensführung, S. 344.
118 Vgl. Schwarz; Purtschert; Giroud (1999), S. 160 ff.

Bereichsziele

Die Realisierung – monetärer wie nichtmonetärer – Unternehmensziele setzt eine Vielzahl von Sach- bzw. Bereichszielen voraus.

Marketingziele fallen ebenfalls unter die Bereichsziele wie Qualitätsansprüche und lassen sich unterteilen in marktökonomische Ziele und marktpsychologische Ziele. Zu den marktökonomischen Zielen zählen beispielsweise Absatzmengen, Absatzpreise oder Kosten. Marktpsychologische Ziele repräsentieren dagegen die qualitativen Ziele eines Unternehmens wie Markenbekanntheit, Markenimage oder die Kundenzufriedenheit.[119]

Diese Erkenntnisse lassen sich auch auf den Dritten Sektor übertragen, so dass neben der Generierung eines hohen Bekanntheitsgrades und einer großen Kundenzufriedenheit auch marktökonomische Bereichsziele, wie beispielsweise eine hohe Bettenbelegung in Krankenhäusern, welche der Aufrechterhaltung der Organisationstätigkeit dient, nicht außer Acht gelassen werden dürfen.

> Im Falle des **Altenheimes** könnten Bereichsziele wie folgt aussehen: In ökonomischer Hinsicht sind Qualität und Service bestimmend, d. h. den anfallenden Kosten der Bewohner muss eine angemessene Dienstleistung (Unterbringung, Versorgung, Pflege) gegenüberstehen. Als psychologisches Bereichsziel kann ein angenehmes und positives Klima innerhalb wie auch außerhalb des Altenheimes genannt werden.

Aktionsfeldziele oder Phasenziele

Aktionsfeldziele beziehen sich sowohl auf das angebotspolitische Aktionsfeld (Produkt und Preis), das distributionspolitische Aktionsfeld (Vertrieb, Präsenz) wie auch das kommunikationspolitische Aktionsfeld (Positionierung). Sie formulieren grundlegende Leistungsziele innerhalb der spezifischen Bereiche. Ein produktpolitisches Aktionsfeldziel ist beispielsweise die Formulierung der Organisationsleistungen bzw. deren angestrebte Eigenschaften. Ein mögliches kommunikationspolitisches Aktionsfeldziel die Schaffung einer positiven Aufmerksamkeit für die Organisation selbst.[120]

> Übertragen auf das **Altenheim** könnte sich folgende Sachlage darstellen. Das Bereichsziel lautet: Einführung eines neuen Pflegemanagementsystems. Dieses System liegt bislang rein theoretisch vor und muss nun in die tägliche Arbeit implementiert werden. Als mögliches Aktionsziel wird hierzu die Umsetzung des Bereichszieles in einem Zeitraum von zwei Jahren festgelegt.

---

119   Vgl. Purtschert (2005), S. 195.
120   Vgl. Becker (2002), S. 57 f.

55

Instrumentalziele oder kurzfristige Ziele

Instrumentalziele beziehen sich auf grundlegende Formulierungen der Marketing-instrumente sowie deren konkrete Gestaltung.[121]

Die Bewertung der Situation sowie die konkreten Zielbestimmungen zeigen den Weg zur Strategie auf – sie ergeben den »Fahrplan« zur Soll-Positionierung.

Im **Fallbeispiel des Altenheims** beziehen sich die kurzfristigen Ziele oder auch Instrumental-ziele auf die konkrete Gestaltung der angebotenen Produkte/Dienstleistungen und deren Preisgestaltung sowie die Festlegung einzusetzender Kommunikationsmittel des Altenhei-mes wie beispielsweise Broschüren, Flyer und Homepage.

Checkliste zur Zielformulierung

✓ Wie lautet der eigentliche Unternehmenszweck der NPO? Welche Vision/welche Mission liegen diesem zu Grunde?
✓ Welche allgemeinen Wertvorstellungen werden befolgt?
✓ Welche qualitativen Ziele hat die NPO neben der Erfüllung des gemeinwohlorientierten Unternehmenszwecks (Image, Bekanntheit, Kundenzufriedenheit)?
✓ Welche quantitativen Ziele hat die NPO (Mitgliederzahl, Spendenaufkommen, Umsatz)?
✓ Welche Bereiche in der NPO müssen identifiziert werden, um die Unternehmensziele zu erreichen (Qualitätsansprüche an Produkte und Leistungen, Festlegung der Preise, Vertrieb, Kommunikationsleistung)?

Abbildung 16: Checkliste zur Zielformulierung

4 Schritt 4: Die Strategie – Auf dem Weg zur Positionierung

»Strategie bedeutet den Einsatz der vorhandenen Kräfte gemäß einer längerfris-tigen Zielsetzung. Planen bedeutet, Schritte auf dem Weg zum Ziel zu bestim-men«.[122]

Nachdem die Zielbestimmung eines Unternehmens erfolgt ist, sieht der »Social Marketingprozess« im nächsten Schritt die Festlegung notwendiger Strategien vor, um die Ziele zu realisieren. Dazu zählen grundlegende Entscheidungen zum Unternehmen selbst wie auch die Festlegung allgemeiner Strategien und Hand-lungsrichtungen. Darüber hinaus ist die Unternehmensidentität ebenso Augen-merk dieser Stufe innerhalb des »Social Marketingprozesses« wie die Ausrichtung und Kanalisierung nachgeordneter Entscheidungen und Maßnahmen bezogen auf die Marketinginstrumente.

---

121 ebenda, S. 64 f.
122 Scheibe-Jäger (2002): Modernes Sozialmarketing, S. 66.

Ausgangspunkt und Kern jeder Marketingstrategie ist die Festlegung der Positionierung bzw. der Unternehmens-Position. Aus diesem Grund wird die Positionierung innerhalb des »Social Marketingprozesses« an den Anfang aller strategischen Überlegungen und Umsetzungsmaßnahmen gestellt.

Diese Vorgehensweise ist insbesondere für Organisationen des Dritten Sektors von großer Bedeutung. Gerade hier fehlt das Bewusstsein für die Wichtigkeit der Positionierungsfrage oftmals völlig, so dass viele Non-Profit-Organisationen keine klare Positionierung besitzen. Dadurch ist häufig die gesamte Marketingarbeit gefährdet. Die Positionierung verfolgt die Schaffung von unverwechselbaren Eigenschaften und Qualitäten, durch die sich ein Unternehmen klar von anderen Unternehmen bzw. deren Leistungen abhebt.[123]

Um bei den Austauschpartnern ein klares, unverwechselbares und positives Image über die Organisation sowie klare Vorstellungen und Gedächtnisstrukturen entstehen zu lassen, muss die einmal festgelegte und ausformulierte Positionierung durch sämtliche Marketing-Aktivitäten getragen und unterstützt werden. So sollte die Positionierung einen langfristigen Charakter aufweisen, um von den anvisierten Zielgruppen als attraktiv angesehen zu werden und in deren Vorstellungen einen klar definierten Platz einzunehmen.[124]

Ausgehend von der in der Analysephase ermittelten Ist-Positionierung, kann das Unternehmen die Soll-Positionierung festlegen und sich dabei entscheiden, in welchen Bereichen es sich auf welche Art und Weise verändern will, um die derzeitige Ist-Situation zu verbessern. Der hier vorgelegte Ansatz des Social Marketing besagt, dass sich Organisationen des Dritten Sektors auf ihre Stärken besinnen und eindeutig auf dem Markt positionieren müssen, um andere Marktteilnehmer auf sich aufmerksam zu machen. Allein dadurch können gemeinnützige Organisationen die beschriebenen Win-Win-Situationen schaffen und in diese integriert werden.

Eine solche **Positionierungsveränderung** hat im Jahre 2000 die **»Aktion Mensch«** (ehemals »Aktion Sorgenkind«) vorgenommen. Ziel dieser Organisation ist es, »Menschen mit Behinderungen Teilhabe am gesellschaftlichen Leben und größtmögliche Selbstbestimmung und Selbständigkeit zu ermöglichen. Darüber hinaus möchte die Aktion Mensch die Lage von Menschen mit Behinderungen in Deutschland flächendeckend verbessern, diese in der Öffentlichkeit bewusst machen und zugleich an die Verantwortung der Mitbürger und des Staates zur solidarischen Hilfe appellieren.« Der Fokus liegt dabei auf »Menschen mit Behinderung« und bezieht sich auf alle Menschen – egal ob jung oder alt. Der ursprüngliche Name »Aktion Sorgenkind« war in dieser Hinsicht also irreführend, da er darauf schließen ließ, dass ausschließlich Kinder im Mittelpunkt der Organisationsarbeit stünden. Darüber hinaus stießen sich vor allem behinderte Menschen zunehmend an dem durch den Begriff generierten

---

123 Vgl. Pepels (2002), S. 204.
124 Vgl. Purtschert (2005), S. 121 ff.

Image des »Sorgenkindes«. Aus diesen Gründen wurde die bestehende Ist-Positionierung zu einer neuen Soll-Positionierung weiterentwickelt. Dies manifestierte sich hauptsächlich im Namen: »Aktion Sorgenkind« wurde zu »Aktion Mensch«. Der neue Name spiegelt dabei sowohl das größere Aufgabenspektrum der Aktion Mensch als auch den gesellschaftlichen Perspektivenwechsel im Umgang mit Menschen mit Behinderungen wider.[125]

Checkliste zur Positionierung

✓ Wie stellt sich die aktuelle Ist-Positionierung dar (Interne und externe Sichtweise)?
✓ Entspricht diese Ist-Positionierung der gewünschten Soll-Positionierung?
✓ Ist eine klare Vorgabe zur Soll-Positionierung vorhanden, d. h. wird vorgegeben, wie die NPO von innen und außen wahrgenommen werden soll?
✓ Was macht die NPO einzigartig, d. h. wodurch kann sie sich von potentiellen Konkurrenten abheben?
✓ Wird diese Einzigartigkeit in den relevanten Zielgruppen wahrgenommen?
✓ Sind Schritte zur Erreichung dieser Soll-Positionierung entwickelt und notwendige Aufgaben verteilt?

Abbildung 17: Checkliste zur Festlegung der Positionierung

5 Schritt 5: Der Maßnahmenplan/Marketing-Mix

Der Marketing-Mix ist die Kombination aus den Marketinginstrumenten, die das Unternehmen zur Erreichung seiner Marketingziele einsetzt. Er enthält die eigentliche Umsetzung der Strategien und Ziele und kann somit als die operative Seite einer Marketingkonzeption aufgefasst werden.[126] Die Instrumente des Marketing-Mix sind Produkt-, Preis-, Distributions- sowie Kommunikationspolitik.

5.1 Produktpolitik

Im Allgemeinen regelt die Produktpolitik grundsätzliche Fragen zum Produktnutzen bzw. zur Produktgestaltung. Die Produktgestaltung bezieht sich dabei auf das Produktinnere (Produktkern und Grundnutzen) und auf das Produktäußere (Produktdesign und Zusatznutzen).

Vermarktet ein Unternehmen mehrere Produkte, so fällt auch die Gestaltung des Produktprogramms unter die Produktpolitik. Eine Programmgestaltung umfasst sowohl die Einführung neuer, wie auch die Renovierung und gegebenenfalls Eliminierung alter Produkte.[127]

---

125 Vgl. http://www.aktion-mensch.de, Zugriff am 13. 06. 06.
126 Vgl. Kotler; Bliemel (2001), S. 149.
127 Vgl. Meffert (2000), S. 334 f.

Die produktpolitischen Besonderheiten des Social Marketing liegen darin, dass sie sich nicht ausschließlich auf materielle, sondern auch auf immaterielle Leistungen beziehen, die zur Erfüllung sozialer Bedürfnisse geeignet sind. Produkte können somit sowohl Sachgüter (Bücher, Veröffentlichungen), Dienstleistungen (Ausbildung, Krankenversorgung), als auch Ideen bzw. geistige und ideelle Werte (Religion, politische Richtungen) darstellen.[128]

Die Produktpolitik des Social Marketing kann also sowohl als eigenes materielles Eingreifen, wie auch als die Veränderung von Einstellungen und Verhaltensweisen mittels gezielter Kommunikation aufgefasst werden.[129]

Im Zuge der Betrachtung der Produktpolitik sollte das Unternehmen seine derzeitigen Produkte bzw. zu erreichenden Ziele (im Falle einer angestrebten Verhaltensänderung) durchleuchten und anschließend festlegen, welche Produkte in welcher Form auch in Zukunft beibehalten werden sollen. Müssen Veränderungen vorgenommen werden, so sollten sie an dieser Stelle festgelegt werden.

Checkliste zur Produktpolitik

✓ Wie ist die Nachfrage der Produkte und Dienstleistungen der NPO?
✓ Warum werden die Produkte und Dienstleistungen von der Zielgruppe angenommen?
✓ Welchen Grund- und Zusatznutzen bieten die Produkte?
✓ Sind Änderungen an den Produkten und Dienstleistungen notwendig?
✓ Wodurch werden notwendige Änderungen hervorgerufen (beispielsweise durch eine Änderung des Kundenverhaltens oder aufgrund von Konkurrenzangeboten)?

Abbildung 18: Checkliste zur Produktpolitik

5.2 Preispolitik

Die Preispolitik umfasst die Festlegung der zu fordernden Gegenleistungen für die Produktion und Bereitstellung der Produkte und Unternehmensleistungen. Bei der Preispolitik wird die direkte und die indirekte Preispolitik unterschieden. Eine direkte Preispolitik erfolgt dabei gegenüber dem Endverbraucher. In ihr wird das Preisniveau oder auch die Form der Preisforderung, wie beispielsweise eine unverbindliche Preisempfehlung, fixiert. Eine indirekte Preispolitik erfolgt im Gegensatz dazu gegenüber Absatzmittlern, welche in den Vertrieb von Waren und Dienstleistungen vermittelnd eingeschalten werden. Als Beispiel hierfür sind Preisnachlässe für bestimmte Absatzleistungen zu nennen.[130]

---

128 ebenda, S. 1.279.
129 Vgl. Bruhn; Tilmes (1994), S. 106.
130 Vgl. Becker (2002), S. 513 f.

Die Preispolitik nichtkommerzieller Organisationen wird häufig auch als Gegenleistungspolitik bezeichnet. Dies soll zum Ausdruck bringen, dass Gegenleistungen für die angebotenen Leistungen sowohl monetär als auch nichtmonetär erfolgen können. Zwischen den monetären und den nichtmonetären Entgelten besteht dabei kein unmittelbarer Zusammenhang, d. h. sie können sowohl zusammen wie auch getrennt voneinander erfolgen.[131]

Als **Beispiel** für eine **nichtmonetäre Gegenleistung** kann das ehrenamtliche Engagement angeführt werden. Ehrenamtliche Mitarbeiter fühlen sich von der NPO und ihren Grundsätzen, Zielen und Aufgaben direkt angesprochen und möchten selbst aktiv werden. Dies tun sie, indem sie sich unentgeltlich für die NPO einsetzen und sie unterstützen.

Ein gelungenes **Beispiel** einer **monetären Gegenleistung** für das Angebot einer NPO ist die Aktion »6 Dörfer für 2006« der SOS-Kinderdörfer. Unter dem Motto »Holt die Kinder aus dem Abseits!« sollen bis zum Ende der Fußball-Weltmeisterschaft 2006 in Deutschland sechs SOS Kinderdörfer in sechs verschiedenen Ländern entstehen. Durch eine finanzielle Unterstützung können potentielle Förderer so genannte »SOS-Dorfpaten« werden und so den Bau eines SOS-Kinderdorfs und später den wichtigen Unterhalt des Dorfes mitfinanzieren. Als monetäre Gegenleistung für eine solche SOS-Dorfpatenschaft ist dabei ein monatlicher Mindestbeitrag vorgesehen.

Checkliste zur Preispolitik

✓ Welche Bemessungsgrundlagen sind bei der Festlegung von Gegenleistungen heranzuziehen?

✓ Welche monetären Gegenleistungen sollen für welche Unternehmensleistungen, Produkte und Dienstleistungen erzielt werden (Spenden, Zustiftungen, Honorare, Produktpreise etc.)?

✓ Wie ist Ihr kalkulierter Produktpreis? Was muss Ihr Produkt mindestens kosten? Was darf es höchstens kosten?

✓ Welchen Preis verlangt die Konkurrenz für dasselbe Produkt oder ein vergleichbares Produkt auf dem Markt?

✓ Welche nichtmonetären Gegenleistungen sollen erzielt werden (beispielsweise ehrenamtliches Engagement)?

Abbildung 19: Checkliste zur Preispolitik

5.3 Distributionspolitik

Aufgabe der Distributionspolitik ist es, den Austauschprozess zwischen dem Unternehmen und den Abnehmern des Produktes bzw. der Dienstleistung herbeizuführen und zu unterstützen. Folglich hat die Distributionspolitik die Aufgabe, Pro-

---

131   Vgl. Bruhn; Tilmes (1994), S. 210 f.

dukte und Dienstleistungen am richtigen Ort in richtiger Menge und richtigem Zustand zur richtigen Zeit bereitzustellen.[132]

Dabei werden im Wesentlichen zwei alternative Absatzwege unterschieden (direkt und indirekt). Bei dem indirekten Absatzweg werden Absatzmittler zwischen Hersteller und Endverbraucher geschaltet. Verfolgt die Distributionspolitik zusätzlich eine Abnehmerselektion, so werden entweder alle in Frage kommenden Abnehmer berücksichtigt (intensive Distribution) oder nur eine nach bestimmten Kriterien vorgenommene Auswahl (selektive oder exklusive Distribution).[133]

Im Dritten Sektor liegt ein direkter Absatzweg dann vor, wenn die Endabnehmer (beispielsweise körperlich behinderte Menschen) die angebotenen Leistungen der Non-Profit-Organisation direkt in Anspruch nehmen (etwa durch die Betreuung in einer entsprechenden Einrichtung).

Eine selektive Distribution im sozialen Bereich trifft beispielsweise auf Förderstiftungen zu, die ausschließlich Organisationen mit einer ganz bestimmten Zielsetzung oder Ausrichtung der Tätigkeiten unterstützen. Die Förderung ausgewählter Bereiche stellt hier also einen wesentlichen Motivationsgrund für eine Unterstützung dar.

Beispielhaft kann dies an der **Veronika-Stiftung** der Diözese Rottenburg-Stuttgart aufgezeigt werden. Die Veronika-Stiftung fördert konkrete Projekte und Maßnahmen, die der Linderung von Schmerz und Leid kranker und pflegebedürftiger Menschen dienen. Die Stiftungsförderung kommt insbesondere Kindern und alten Menschen zu Gute, die in Folge von Krankheit und Schmerz auf diese Hilfe angewiesen sind. Konkrete finanzielle Unterstützung erhalten dabei Einrichtungen in den Bereichen Pflege, Hospizarbeit sowie Palliativmedizin. Möchten sich potentielle Unterstützer für diese Förderbereiche einsetzen, so können sie dies direkt durch eine finanzielle Unterstützung einzelner Einrichtungen tun. Oder aber sie wählen den Weg über die Veronika-Stiftung, um von deren Fachwissen in diesen Bereichen zu profitieren und so sicher gehen zu können, dass das zur Verfügung gestellte Geld ausschließlich ausgewählten und besonders unterstützenswerten Einrichtungen und Projekten zu Gute kommt.

Die Distribution der Produkte sozialer Organisationen lässt sich darüber hinaus durch das Bring-Prinzip sowie das Hol-Prinzip charakterisieren. Bei einem Bring-Prinzip liefert der Anbieter dem Kunden das Produkt bzw. die Leistung direkt nach Hause. Beispielhaft sei hier das »Essen auf Rädern« oder die ambulante Pflege genannt. Dagegen muss der Kunde beim so genannten Hol-Prinzip selbst aktiv werden, um sein Produkt zu erhalten (beispielsweise ein Aufenthalt in einer Klinik). Eine bequeme örtliche und zeitliche Erreichbarkeit der Einrichtung oder auch gute Parkmöglichkeiten sind hierbei vorteilhaft.

---

132 ebenda, S. 195 f.
133 Vgl. Becker (2002), S. 615–617.

Checkliste zur Distributionspolitik

✓ Welche Produktbesonderheiten muss die NPO bei der Wahl des Absatzweges beachten?
✓ Über welche Wege soll das Produkt zum Kunden gelangen?
✓ Sollen direkte oder indirekte Absatzwege genutzt werden?
✓ Gibt es alternative Absatzwege?
✓ Welcher logistische Aufwand entsteht bei den einzelnen Möglichkeiten?
✓ Welche Kosten entstehen bei den einzelnen Möglichkeiten?
✓ Wie groß ist die Anzahl der Kunden, die bedient werden sollen? Wie sind diese geographisch verteilt? Wie oft fragen die Kunden das Produkt nach?

Abbildung 20: Checkliste zur Distributionspolitik

5.4 Kommunikationspolitik

Die Kommunikationspolitik wird auch als das »Sprachrohr« des Marketing bezeichnet. Ihre Maßnahmen sind die zentralen Instrumente zur Übermittlung von Ideen und Informationen. Die Kommunikationspolitik tritt dabei gezielt in Kontakt mit den Anspruchsgruppen des Unternehmens wie Endabnehmer, Absatzmittler oder Öffentlichkeit. Hierfür werden unterschiedliche Botschaftsformen und Medien eingesetzt.[134]

Die Kommunikationspolitik umfasst die bewusste Gestaltung aller auf den Markt gerichteten Informationen eines Unternehmens mit dem Ziel, Erwartungen, Einstellungen und besonders die Verhaltensweisen aktueller und potentieller Käufer zu beeinflussen.[135]

Kommunikationspolitische Maßnahmen stellen neben dieser Beeinflussungs- und Lenkungsfunktion jedoch auch die Grundlage dar, um Vertrauen zu schaffen und zu erhalten. Gerade im Bereich des Social Marketing ist ein solches Vertrauen von zentraler Bedeutung, da es oftmals die Voraussetzung für die Erfüllung sozialer Aufgaben darstellt.[136]

Corporate Identity

Kernstück der Kommunikationspolitik ist die Corporate Identity. Die Corporate Identity (CI) ist das gewollte Selbstbildnis eines Unternehmens und definiert, wie das Unternehmen von außen (Marktpartner, relevante Öffentlichkeit) und innen (Mitarbeiter) gesehen werden möchte. Es bezeichnet das angestrebte Unterneh-

---

134 Vgl. Homburg; Krohmer (2003), S. 620 f.
135 Vgl. Kroeber-Riel; Weinberg (1996): Konsumentenverhalten, 6. Auflage, S. 589 ff.
136 Vgl. Purtschert (2005), S. 229.

mensimage. Aus diesem Grund kann die CI auch als die kommunikative Positionierung bezeichnet werden.[137]

Grundlage einer Corporate Identity ist demzufolge die Positionierung eines Unternehmens, welche das Konzept für künftige Marketing- und Kommunikationsmaßnahmen festlegt und Inhalt sowie Richtung dieser Maßnahmen vorgibt.[138]

Der gestraffte Inhalt der Positionierung wird auch als USP (Unique Selling Proposition) bezeichnet. Dieses einzigartige Verkaufsargument gilt intern wie auch extern als Wettbewerbsvorteil und muss entsprechend kommuniziert werden. Durch die Hervorhebung des Besonderen werden entscheidende Markt- oder Wettbewerbsvorteile geschaffen. Die Positionierung muss daher so ausgefeilt werden, dass der potentielle Kunde klar erkennt, worum es einer Einrichtung geht, wofür sie steht, was sie erreichen möchte, welche Lösungen sie sich ausgedacht hat, wer sich mit ihr identifizieren soll und wen sie ansprechen möchte.[139]

Die Corporate Identity drückt sich im Erscheinungsbild (Corporate Design) ebenso wie in der Kommunikation (Corporate Communications) und dem Verhalten (Corporate Behavior) aus.[140]

Corporate Identity (Soll-Image)		
Corporate Design	Corporate Communications	Corporate Behavior
Identitätsvermittlung nach innen »Wir-Bewusstsein«		Identitätsvermittlung nach außen »Fremdbild«
Koordination Motivation Leistung Synergie		Glaubwürdigkeit Vertrauen Akzeptanz Sympathie
Corporate Image (Unternehmensbild)		

Abbildung 21: Positionierung/Corporate Identity[141]

---

137 Vgl. Pepels (2000), S. 59.
138 Vgl. Becker (2002), S. 830 f.
139 Vgl. Scheibe-Jäger (2002), S. 61 f.
140 Vgl. Meffert (2000), S. 706.
141 In Anlehnung an Meffert (2000), S. 708.

Diese Elemente streben sowohl eine Identitätsvermittlung nach innen – und damit die Schaffung eines »Wir-Bewusstseins« – als auch eine Identitätsvermittlung nach außen und damit die Darstellung des »Fremdbildes« (wie möchte die Organisation von außen wahrgenommen werden) an. Ein erhöhtes »Wir-Bewusstsein« innerhalb des Unternehmens bringt i. d. R. positive Aspekte wie eine bessere Koordination und Motivation der Mitarbeiter mit sich. Dies führt zu einer höheren Arbeitsleistung und damit zu Synergien. Die Identitätsvermittlung nach außen dient dagegen der Schaffung von Glaubwürdigkeit, Vertrauen, Akzeptanz und Sympathie seitens der Öffentlichkeit gegenüber dem Unternehmen. Beide Komponenten zusammen bilden das eigentliche Bild des Unternehmens und bestimmen das Corporate Image.[142]

Markenpolitische Entscheidungen

Die bildhafte Darstellung des Unternehmens ist die Marke selbst. Aus diesem Grund werden im Folgenden markenpolitische Entscheidungen betrachtet.

Eine Marke ist ein gewerbliches Schutzrecht, das vom Deutschen Patent- und Markenamt (DPMA) in München erteilt und verwaltet wird. Unter einer Marke versteht man ein Kennzeichnungsmittel für Produkte und Dienstleistungen. Marken lassen sich in verschiedene Markentypologien unterteilen, welche wiederum unterschiedliche markenstrategische Entscheidungen mit sich bringen.

Markenstrategie

Folgende grundlegende Markenstrategien lassen sich unterscheiden:

* **Unternehmensmarken:** Bei einer Unternehmensmarkenstrategie werden sämtliche Produkte und Dienstleistungen des Unternehmens unter einer Marke zusammengefasst. Die Unternehmensmarke steht somit für das gesamte Leistungsangebot. In der Regel wird hierbei der Name des Unternehmens als Markenname übernommen.[143] Als **Beispiel** für eine **Unternehmensmarkenstrategie** ist die **»Aktion Mensch«** zu nennen. Diese Organisation tritt in zwei verschiedenen Marktsegmenten auf. Zum einen in der Sparte Lotterie durch ihre Aktion Mensch-Lotterie, zum anderen in der Förderung von Projekten und Einrichtungen der Behindertenhilfe und -selbsthilfe sowie der Kinder- und Jugendhilfe. Die Förderung dieser Einrichtungen wird dabei durch die Einnahmen aus der Lotterie ermöglicht.[144]

---

142 Vgl. Purtschert (2005), S. 131 f.
143 Vgl. Pförtsch; Schmid (2005): B2B-Markenmanagement. Konzepte – Methoden – Fallbeispiele, S. 111 f.
144 Vgl. o. V., http://www.aktion-mensch.de/organisation/, Zugriff am 02. 05. 06.

- **Einzel- oder Produktmarken:** Die Strategie der Produktmarke zeichnet sich dadurch aus, dass für jedes Produkt bzw. jede Dienstleistung eines Anbieters eigene Marken geschaffen und beworben werden.[145] Als ein gelungenes **Beispiel** für eine solche **Produktmarkenstrategie** kann die Marke **SOS Kinderdörfer** genannt werden. Mit SOS Kinderdörfern wird das Produkt »Kinderdorf« angeboten, welches gleichzeitig zum Namen der Organisation gemacht wurde. Kommunikation und Vermarktung konzentrieren sich ganz klar auf den Produktnutzen der Kinderdörfer: Sie bieten Waisenkindern ein Zuhause.[146]
- **Familienmarken:** Bei der Familien- oder Mehrmarkenstrategie wird für eine bestimmte Produktgruppe (Produktlinie) eine einheitliche Marke bzw. ein produktgruppenspezifisches Markenimage kreiert. Alle unter dieser Familienmarke angebotenen Produkte und Dienstleistungen tragen dazu bei, dieses Markenimage aufzubauen und weiterzuentwickeln.[147] Als **Beispiel** für eine **Familienmarke** ist das karitative Hilfswerk der katholischen Kirche, **Misereor**, zu nennen. Unter dieser Bezeichnung werden diverse Leistungen, Kampagnen und Produkte angeboten.[148]
- **Dachmarkenstrategie:** Neben den aufgeführten Markenstrategien in ihrer Reinform finden sich in der Praxis auch Strategiekombinationen. Dazu zählt die so genannte Dachmarkenstrategie. Diese ist dadurch gekennzeichnet, dass sämtliche Leistungen und Produkte unter einem Markennamen vereinigt werden. Die Dachmarkenstrategie wird häufig dann gewählt, wenn die Dachmarke bereits über ein aufgebautes Vertrauenspotenzial bei den Zielgruppen verfügt und die Organisation neue Leistungen einführen möchte. Als **Beispiel** kann der **Deutsche Sportbund** genannt werden, der verschiedene Sportarten unter einer Dachmarke integriert.[149]

Marken lassen sich anhand verschiedener Kennzeichnungsformen gestalten. So unterscheidet man:
- Wortmarken (z. B. »Siemens«)
- Bildmarken (z. B. die springende Raubkatze von »Puma«)
- Wort-Bild-Marken (z. B. »Deutsches Rotes Kreuz«)
- Dreidimensionale Formen (z. B. die Kühlerfigur von Rolls-Royce)
- Hörmarken (z. B. Erkennungsmelodien bei Radiosendern)
- Farben, Farbkombinationen sowie Zahlen oder Buchstaben.

---

145 Vgl. Becker (2002), S. 196 ff.
146 Vgl. o. V., http://www.sos-kinderdoerfer.de, Zugriff am 24. 04. 06.
147 ebenda, S. 199 f.
148 Vgl. Bruhn (2005), S. 345.
149 ebenda, S. 344.

Jedes Unternehmen kann seine Marke(n) rechtlich schützen lassen, um gegen Trittbrettfahrer, die unter dem gleichen Namen firmieren oder eine Marke des gleichen Namens kreieren, rechtlich vorgehen zu können. Dies kann durch eine Eintragung in das Markenregister des Deutschen Patent- und Markenamts erfolgen (Online unter: www.dpma.de). Um auf Nummer sicher zu gehen, dass mögliche Trittbrettfahrer identifiziert werden, ist eine ständige Markenüberwachung durch Marktbeobachtung unerlässlich. Dafür können eigens darauf spezialisierte Unternehmen beauftragt werden.

Checkliste zur Markenanmeldung

✓ Was soll marken- oder patentrechtlich geschützt werden (Name der NPO, Produkte und Dienstleistungen etc.)?
✓ Sind auf diese Bestandteile bereits von anderen Organisationen Marken oder Patente eingetragen (Dies kann beim Deutschen Patent- und Markenamt unter www.dpma.de recherchiert werden)?
✓ Welche Bestandteile (Produktnamen, besonderes Angebot oder Dienstleistungen) können über welche Marken-Klassifizierung geschützt werden?

Abbildung 22: Checkliste zur Markenanmeldung

Die konkrete Umsetzung der Positionierung in Erscheinungsbild (Corporate Design) und der Kommunikation (Corporate Communications) wird nachfolgend im Zuge der Kommunikationspolitik behandelt. Beispiele für die Entwicklung einzelner Teilbereiche des Corporate Design sowie der Corporate Communications werden in Teil III am Beispiel der neuen Caritas-Stiftung ausführlich dargelegt.

Corporate Behavior

Das Corporate Behavior bezeichnet die in sich schlüssige und widerspruchsfreie Ausrichtung der Verhaltensweisen aller Mitarbeiter eines Unternehmens. Dies bezieht sich sowohl auf innen- wie auch auf außengerichtete Verhaltensweisen. Insbesondere ist das Verhalten von Mitarbeitern betroffen, die in direktem Kontakt mit der Öffentlichkeit und mit Kunden stehen.[150]

Corporate Design

Das Corporate Design (CD) ist Teilbereich und zugleich Instrument der Corporate Identity. Das CD stellt die optische Umsetzung der CI dar. Es umfasst alle visuell-stilistischen Ausdrucksformen eines Unternehmens und definiert die Gestaltung

---

150 Vgl. Meffert (2000), S. 708.

aller eingesetzten Schriften, Symbole und Farben. Das Corporate Design zielt auf ein stets homogenes und einprägsames Unternehmensbild ab. Dies soll zu einer Erhöhung des Bekanntheitsgrades wie auch zur Erzielung von positiven Wirkungen auf das Image des Unternehmens beitragen. Die Wirksamkeit des CD hängt dabei entscheidend von einer professionellen Grafik sowie einer konsequenten Durchsetzung ab.[151]

Die Corporate-Design-Richtlinien (CD-Manual) legen die Bestandteile des Corporate Designs fest. Dazu zählen neben den Grundparametern:

- Logo
- Slogan
- Schriften
- Farben
- Formate

ebenso Vorgaben für die Gestaltung von Anzeigen, Prospekten und Geschäftspapieren. Das Corporate Design gibt vor, alle eingesetzten Kommunikationsmittel auf einer einheitlichen Gestaltung aufzubauen. So wird ein klarer Markenauftritt, eine integrierte Kommunikation sowie eine größtmögliche Wiedererkennung gewährleistet. Eine einheitliche Farbgebung sowie wiederkehrende Symbole und Bildmotive sind notwendige Bestandteile einer solchen integrierten Kommunikation.[152]

Logo

Ein Logo ist ein bildhaftes Symbol einer Institution. In ihm werden Charakteristik, Leistung und Erscheinungsbild als »bildhaftes Gesicht der Institution« in Kurzform zusammen gefasst und auf einen Punkt gebracht. Das Logo hilft dem Unternehmen dabei, sich von anderen Unternehmen abzuheben. Darüber hinaus erleichtert es eine schnelle Identifizierung und Erkennung der Marke, da sich visuelle Bilder leichter im menschlichen Gedächtnis einprägen. Einem Logo kommt somit eine Identifikations- wie auch eine Kommunikationsfunktion zu.[153]

Grundlage für die Ideensuche nach Gestaltungselementen des Logos können Werte, Tätigkeiten oder Ziele des Unternehmens sein. Darüber hinaus bietet sich auch die Verwendung von Symbolen oder Personen an, die mit dem Unternehmen in Verbindung gebracht werden.

Logo und Slogan bilden die sichtbarsten Elemente des unternehmerischen Erscheinungsbildes.[154]

---

151 Vgl. Kramer in: Diller (1992), S. 160.
152 Vgl. Fuhr in: Gemeinschaftswerk der Evangelischen Publizistik (2005), S. 916 ff.
153 Vgl. Pförtsch; Schmid (2005), S. 80 f.
154 Vgl. Fuhr in: Gemeinschaftswerk der Evangelischen Publizistik (2005), S. 916 ff.

Checkliste zur Logo-Erstellung

✓ Welche Anhaltspunkte können bei der Entwicklung dienen und lassen sich visuell reduziert abbilden?
✓ Wie kann eine prägnante Bildwirkung mit hohem Wiedererkennungswert erzielt werden?
✓ Wo soll das Logo platziert werden?
✓ Ist es dafür geeignet auf unterschiedlichen Kommunikationsmitteln eingesetzt zu werden?
✓ Wie wirkt das Logo auf unterschiedlichen Vorlagen (wie ist es beispielsweise auf einem Fax erkennbar, wie wirkt das Logo in Graustufen oder schwarz-weiß)?

Abbildung 23: Checkliste zum Logo

Slogan

Ein Slogan präzisiert und vervollständigt das Logo. Er ist die zusammengefasste Kernaussage zum Absender. Bei der Gestaltung des Slogan sollte darauf geachtet werden, dass der Zusammenhang zum Unternehmen sichtbar wird. Dazu können Werte, Tätigkeiten oder Ziele des Unternehmens zum Ausdruck gebracht werden, wodurch der Slogan bereits durch das Logo hervorgerufene Assoziationen verstärkt. Der Slogan wird dem Logo meist räumlich zugeordnet, d. h. er wird darunter oder seitlich davon platziert.[155] Der Slogan ergänzt im günstigen Fall das Logo, z. B. indem sich Symbole des Logos in Worten ausgedrückt wieder finden. Wird dies eingehalten, so greifen Logo und Slogan das gleiche Motiv auf und unterstützen sich gegenseitig.

Checkliste zur Slogan-Erstellung

✓ Welche Begriffe werden mit dem Slogan-Gegenstand (Unternehmen, Produkte oder Dienstleistung) assoziiert?
✓ Welche Begriffe lassen sich von vornherein ausschließen?
✓ Welche Wortkombinationen oder Aussagen können aus den Assoziationen erstellt werden?
✓ Welches ist die geeignetste Kombination oder Aussage?
✓ Stimmen diese Aussagen/Kombinationen mit dem Organisationsziel und -zweck überein?
✓ Kann der Slogan auch dem Logo beigefügt werden oder verliert er unter Umständen an Aussagekraft?
✓ Welche Zielgruppen sollen mit dem Slogan angesprochen werden und wie erreichen wir deren Aufmerksamkeit über den Slogan?

Abbildung 24: Checkliste zum Slogan

---

155 Vgl. Pförtsch; Schmid (2005), S. 81.

Geschäftsausstattung

Unternehmen sollten sich durch eine einheitliche Geschäftsausstattung in einem durchgehenden Design zeigen. Dies trägt zur Wiedererkennung bei und zeugt gleichzeitig von Professionalität. Zu einer solchen Geschäftsausstattung werden i. d. R. folgende Elemente gezählt:

- Briefbogen
- Visitenkarte
- Unternehmenspräsentationen.

Die Gestaltung muss unter Beachtung der Corporate-Design-Richtlinien erfolgen. So sollten auf der Geschäftsausstattung durchweg Logo und Slogan ersichtlich sein sowie die festgelegten Unternehmensfarben eingesetzt werden.

Checkliste zur Geschäftsausstattung
✓ Ist die Geschäftsausstattung in einem einheitlichen Design gestaltet (wiederkehrende Elemente wie Logo, Farben, etc.)?
✓ Ist eine integrierte Darstellung zu identifizieren, d. h. passen Bestandteile der Geschäftsausstattung grafisch zueinander? Sind diese bereits bei flüchtiger Betrachtung als Bestandteile derselben Organisation erkennbar?
✓ Gibt es einzuhaltende Design-Richtlinien in Form eines Corporate Manual (Designrichtlinie)?

Abbildung 25: Checkliste zur Geschäftsausstattung

Corporate Communications

Die Corporate Communications (CC) unterstützt die angestrebte Unternehmensidentität mit entsprechenden Kommunikationsmitteln. Diese werden dabei sowohl innen- als auch außengerichtet eingesetzt und betreffen somit den Angebots- und Beschaffungsmarkt sowie die Öffentlichkeit. Zu den Instrumenten der Unternehmenskommunikation zählen:[156]

- Werbung
- Direktmarketing
- Sponsoring
- Public Relations (Öffentlichkeitsarbeit).

a) Werbung

Werbung ist der gezielte, bewusste und kostenverursachende Einsatz spezieller Werbemittel zur Beeinflussung von Austauschpartnern wie Endabnehmer, Absatzmittler, Kapitalgeber, Lieferanten oder auch Mitarbeiter. Ziel der Werbung ist die

---

156   Vgl. Meffert (2000), S. 707.

Auslösung positiver Reaktionen bei Zielpersonen auf das Leistungsangebot des Unternehmens oder auf das Unternehmen selbst.[157] Die Kernleistung der Werbung besteht darin, Produkte und Dienstleistungen des Unternehmens bekannt zu machen und dabei ein bestimmtes Image des Unternehmens aufzubauen.[158]

Soziale Organisationen können mit Hilfe der sozialen Werbung effektiv auf ihr Anliegen aufmerksam machen. Sie sollten dieses Kommunikationsinstrument jedoch sehr sensibel einsetzten. Zum einen aus Kostengründen, da der Einsatz von Werbung zumeist große Ausgaben mit sich bringt, zum anderen um die Glaubwürdigkeit der Organisation aufrechtzuerhalten. Ein bezahlter Werbeeinsatz von Non-Profit-Organisationen bringt oftmals Glaubwürdigkeitsprobleme mit sich. Die Gestaltung eines solchen Auftritts unterliegt zusätzlich besonders hohen moralischen Anforderungen. Doch gerade Glaubwürdigkeit und Authentizität sind für Organisationen des Dritten Sektors von zentraler Bedeutung. Soziale Werbung sollte sich aus diesem Grund auf einfache und zugleich kostengünstige Mittel beschränken.[159]

aa) Werbemittel

Ein Werbemittel ist die Darstellung und kreative Umsetzung einer Werbebotschaft, die an die Stelle des persönlichen Kontaktes zwischen Absender und Empfänger der Werbung tritt. Die Auswahl geeigneter Werbemittel ermöglicht es einem Unternehmen, zielgerichtet und ansprechend über sich selbst zu informieren.[160]

Zu den gängigen Werbemitteln zählen:

- Imagebroschüre
- Flyer
- Homepage
- Banner
- Anzeigen
- Plakate/Außenwerbung.

- **Imagebroschüre** – Eine Imagebroschüre informiert über das Unternehmen in ansprechender Art und Weise. Sie bietet den Vorteil, dass neben umfassenden textlichen Inhalten auch viele Bilder eingesetzt werden können. Ziel einer Broschüre ist es, dem Leser »ein positives und klares Bild« über das Unternehmen zu geben. Eine Broschüre sollte ansprechend und durch den Einsatz von geeig-

---

157 Vgl. Mühlbacher in: Diller (1992), S. 1323.
158 Vgl. Becker (2002), S. 565.
159 Vgl. Meffert (2000), S. 1285.
160 Vgl. Pepels (2004), S. 667.

netem Bildmaterial emotional gestaltet werden. Darüber hinaus wird durch die Verwendung qualitativ hochwertiger Materialien die Haptik der Zielpersonen angesprochen. Gerade für Organisationen des Dritten Sektors liegt die Kunst hierbei darin, einen geeigneten Mittelweg zu finden. So sollte eine Organisation, die im Umweltbereich tätig ist, ihre Broschüren nicht mit einer Plastikhülle oder -zwischenseiten versehen.

Checkliste zur Imagebroschüre

✓ Sind alle für Außenstehende relevanten Informationen (beispielsweise Historie, Grußwort, Unternehmensphilosophie, Ziele, Aufgaben, Kontakt und Responsemöglichkeiten) darin festgehalten?
✓ Wird ein positives und klares Bild vermittelt?
✓ Werden vorgegebene Corporate-Design-Richtlinien eingehalten?
✓ Kommen authentische und wenn möglich emotionale Bilder zum Einsatz?
✓ Über welche Distributionswege kann die Imagebroschüre der anvisierten Zielgruppe zur Verfügung gestellt werden?
✓ Welche Auflagenhöhe ist einzuplanen?

Abbildung 26: Checkliste zur Imagebroschüre

- **Flyer** – Ein Flyer transportiert in kurzer Zusammenfassung Zweck, Aufgabe sowie aktuelle Projekte eines Unternehmens. Die wichtigste Aufgabe des Flyers besteht darin, Interesse zu wecken und den Leser nicht mit einer Masse an Informationen zu überfordern. Darüber hinaus sollte er Kontaktdaten enthalten, um mögliche Reaktionen der Zielpersonen (Kontaktaufnahme, Anforderung von weitergehendem Informationsmaterial) zu erleichtern. Ein Flyer besitzt zumeist ein handliches Format und besteht aus nur wenigen Seiten. Dadurch bietet er den Vorteil, leicht mitgenommen und eingesteckt werden zu können. Grundsätzlich sollte der Flyer im gleichen Design wie die Broschüre gestaltet werden, um eine durchgehende Kommunikation sicherzustellen.

Checkliste zum Flyer

✓ Transportiert der Flyer in aller Kürze Unternehmenszweck, Aufgaben sowie aktuelle Projekte der NPO?
✓ Enthält er alle wichtigen Kontaktdaten oder auch ein Response-Element, um Dialogmöglichkeiten mit den Zielgruppen zu erleichtern oder anzuregen?
✓ Werden die CD-Richtlinien eingehalten und erfolgt die Gestaltung in Anlehnung an die Imagebroschüre, um eine Wiedererkennung zu gewährleisten (integrierte Kommunikation)?
✓ Wie und wo wird der Flyer verteilt? Wird die Zielgruppe erreicht?

Abbildung 27: Checkliste zum Flyer

- **Homepage** – Eine Homepage verfolgt in erster Linie die gleichen Ziele wie die Imagebroschüre eines Unternehmens. Sie informiert über Hintergründe, Ziele und Aufgaben des Unternehmens und sorgt für eine positive Unternehmensdarstellung. Darüber hinaus bietet sie den Vorteil nahezu unbegrenzter Speichermöglichkeiten. Aus diesem Grund kann eine Homepage weitaus umfassender als eine Imagebroschüre informieren und besitzt, bei regelmäßiger Pflege und Anpassung der Inhalte, eine große Aktualität. Eine Homepage kann den Besucher zu großer Interaktivität einladen. So kann beispielsweise die Möglichkeit zur Anforderung und Bestellung von Informationsmaterial in die Homepage integriert werden. Darüber hinaus bietet eine Homepage den Vorteil einer anonymen Informationsbeschaffung. Eine Homepage sollte sich durch eine einfache Navigation, Übersichtlichkeit und internetgerechte Standards, die lange Wartezeigen verhindern, auszeichnen.[161]

- **Vergabe von Namensrechten für Homepages** – Die Verwaltung und Vergabe von Domain-Namen erfolgt durch mehrere staatliche, nicht-kommerzielle Internet-Organisationen. Diese Organisationen führen das DNS (Domain-Name-System) bzw. »Internet-Adressbuch«, vergeben neue Namen und löschen bzw. ändern bestehende Einträge. In Deutschland bekommen Unternehmen und öf-

---

Checkliste zur Homepage

✓ Ist der Name der Homepage intuitiv erschließbar und leicht zu merken?
✓ Ist die gewünschte URL/Domainadresse verfügbar? (Die Verfügbarkeit aller www-Adressen mit der Endung ».de« sind unter www.denic.de recherchierbar).
✓ Stimmt die so genannte Usability, d. h. zeichnet sich die Homepage durch eine einfache Navigation, Übersichtlichkeit und internetgerechte Standards, die lange Wartezeigen verhindern, aus?
✓ Sind alle relevanten Informationen vertreten (siehe Checkliste Imagebroschüre oder Flyer)?
✓ Sind die Inhalte aktuell?
✓ Gelingt es, den Besucher zum Verweilen auf der Seite zu animieren?
✓ Werden die Chancen des interaktiven Austausches des Mediums genutzt (beispielsweise die Möglichkeit Broschüren oder Flyer zu bestellen, Herunterladen aktueller Informationen, Kontaktformular, Möglichkeiten online zu spenden etc.)?
✓ Ist die Homepage-Adresse innerhalb von Suchmaschinen gelistet?
✓ Sind die so genannten Keywords gesetzt? (Keywords sind Begriffe, die bei Eingabe dieser Wörter innerhalb von Suchmaschinen auf die eigene Seite als Suchergebnis der Suchmaschine verweisen).

Abbildung 28: Checkliste zur Homepage

---

161 Vgl. Bruhn (2005), S. 411 f.

fentliche Organisationen bei der Namensvergabe ein Vorrecht auf die Namensverwendung gegenüber Privatpersonen.

Bekannte Anbieter von Domainreservierungen sind:

- United Domains (www.united-domains.de)
- InterNIC (www.internic.com)
- DENIC (www.denic.de).

Durch den Einsatz des so genannten »Keyword-Advertising« wird gewährleistet, dass die Homepage leichter im Internet gefunden werden kann. Keyword-Advertising bezeichnet die stichwortbezogene Werbung im Internet. Solche Werbeformen werden heute insbesondere von Suchmaschinen erfolgreich angeboten. Dabei werden Suchbegriffe festgelegt, bei deren Eingabe die eigene Homepage aufgelistet wird bzw. die eigene Werbung ausgestrahlt wird.[162]

- **Banner** – Banner sind Werbeflächen auf Websites. Der Vorteil eines Banners besteht in einer sofortigen Interaktionsmöglichkeit, d. h. der Interessent gelangt durch einen Klick auf das Banner sofort zur Homepage des Werbenden. Dazu muss das Banner Aufmerksamkeit und Interesse des Internet-Benutzers auf sich ziehen. Aus diesem Grund zeichnen sich Banner zumeist durch bewegte Bilder (Animationen) sowie die Verwendung auffälliger Farben aus. Erscheinen Banner in der Mitte des Bildschirmes oder in der Nähe der Navigations-Leisten, so erhöht sich deren Wahrscheinlichkeit, wahrgenommen zu werden. Banner werden i. d. R. selten angeklickt, tragen jedoch allein durch ihre bildliche Präsenz verstärkt zu einer Erhöhung der Markenbekanntheit bei.[163]

Checkliste zum Banner

✓ Auf welchen Homepages macht es Sinn Banner zu schalten?
✓ Wird der Banner aufgrund aktueller Akzeptanztests in der Zielgruppe der Internetnutzer gehalten, d. h. sorgt er für positive Aufmerksamkeit und Interesse, oder wird er vom Nutzer eher als störend empfunden?
✓ An welchen Stellen wird das Banner platziert (beispielsweise in der Mitte des Bildschirmes oder in der Nähe der Navigationsleisten)?
✓ Ist das Banner logisch mit der eigenen Homepage/Website verknüpft, so dass per Mausklick eine Weiterleitung auf die eigene Homepage stattfindet?

Abbildung 29: Checkliste zum Banner

---

162 Vgl. Lenz in: Gemeinschaftswerk der Evangelischen Publizistik (2004), S. 1015 f.
163 Vgl. Bruhn (2005), S. 411.

- **Anzeigen** – Eine Anzeige erscheint in gedruckten Medien wie Zeitungen oder Zeitschriften. Sie zeichnet sich durch eine zündende Idee, einen griffigen Text, eine überzeugende Gestaltung sowie eine geschickte Platzierung im Werbeträger aus. Im Optimalfall erscheint die Anzeige neben einem redaktionellen Beitrag des gleichen Themenbereichs. Der Vorteil einer Anzeige liegt darin, dass der Betrachter durch den Einsatz geeigneter Bilder, Farben und Texte emotionalisiert und dadurch positiv beeinflusst werden kann. Der Nachteil ist darin zu sehen, dass die durchschnittliche Betrachtungszeit einer Anzeige nur bei etwa drei bis fünf Sekunden liegt und sie auch nur in den wenigsten Fällen erneut betrachtet wird. Aus diesem Grund muss sie schnell die Aufmerksamkeit des Lesers auf sich ziehen, um nicht überblättert zu werden. So sollte sie sich auf eine reduzierte Gestaltung sowie aussagekräftige Texte konzentrieren. Ein weiterer Nachteil von Anzeigen besteht darin, dass sie einer großen Kontinuität bedürfen, um Aufmerksamkeit auf sich zu ziehen. Eine Faustregel besagt, dass eine Anzeige etwa siebenmal gesehen werden muss, bevor sie überhaupt wahrgenommen wird. Anzeigenformate und Preise variieren je nach Zeitung und Zeitschrift.[164]

Checkliste zur Anzeige
✓ In welchen Zeitungen und Zeitschriften macht es Sinn eine Anzeige zu schalten? (I. d. R. sind dies Medien mit ähnlichen Themenschwerpunkten wie die NPO). ✓ Was liest meine Zielgruppe? ✓ Welche Anzeigenblätter sind buch- und finanzierbar? ✓ Hat die Anzeige das »gewisse Etwas«? ✓ Werden geeignete Bilder und Farben eingesetzt, um zu emotionalisieren und positiv zu beeinflussen? ✓ Wirkt die Anzeige auch nicht überladen? ✓ Wird die Anzeige mehrmals geschaltet, um die Wahrscheinlichkeit zu erhöhen, dass sie wahrgenommen wird? ✓ Liegt die Anzeige in unterschiedlichen Formaten vor (die Größe der Anzeige beeinflusst die Preisgestaltung)?

Abbildung 30: Checkliste zur Anzeige

- **Füllanzeigen** – Eine Füllanzeige ist eine stark verbilligte oder auch kostenlose Anzeige, deren einzige Funktion darin liegt, einen sonst freibleibenden Raum zu füllen. Sie zeichnet sich durch rein textliche Inhalte aus, die zusammen mit dem Logo dargestellt werden.[165]

---

164 Vgl. Scheibe-Jäger (2002), S. 126.
165 Vgl. Pepels (2000), S. 100.

Checkliste zur Füllanzeige
✓ Welche Zeitungen und Zeitschriften bieten die Möglichkeit zur Unterbringung einer Füllanzeige an?
✓ Wo macht es Sinn eine Füllanzeige unterzubringen?
✓ Charakterisiert der Text das Unternehmen sowie dessen Arbeit in Kurzform?
✓ Stehen unterschiedliche Formate zur Verfügung sowie neben farbigen Anzeigen auch Schwarz-weiß-Versionen?

Abbildung 31: Checkliste zur Füllanzeige

- **Außenwerbung und Plakate** – Außenwerbung ist Werbung im öffentlichen Raum. Sie umfasst als Sammelbegriff alle Werbemittel, die außerhalb geschlossener Räume verwendet werden. Außenwerbung eignet sich besonders für Unternehmen bzw. Produkte, die ein breites Publikum flächendeckend ansprechen sollen. Darüber hinaus eignet sie sich zur begleitenden Einführung neuer Produkte.[166]

Die Außenwerbung unterscheidet folgende Werbeformen:[167]

- **Großflächen** sind Plakattafeln im 18/1-Bogenformat (356 x 252 cm) die auf privatem Grund angebracht werden. Die Anschlagdauer beträgt jeweils 1 Dekade, das heißt 10 bzw. 11 Tage. Als eine gute Ausdehnung gilt eine Relation von einer Stelle auf 3.000 Einwohner. Die Qualifizierung der Flächen wird nach Einsehbarkeit, Infrastruktur, Bebauungstyp, Verkehrslage, etc. beurteilt.
- **Ganzstellen** befinden sich auf öffentlichem Grund. Hierbei handelt es sich meist um Litfasssäulen, die von einem Werbetreibenden ganz belegt werden. Die Ganzstellen haben ein Format von 18/1 oder 24/1. Die Vermittlung der Belegung läuft über spezielle Pächter, die das Geschäft für die Gemeinden abwickeln.
- **Allgemeinstellen** sind Säulen und Tafeln auf öffentlichem Grund, die von mehreren Werbetreibenden belegt werden. Dazu ist eine Abnahme aller Stellen in einem Ort (in Großstädten auch Halb-, Viertel- oder Drittelbelegung) erforderlich.
- **Spezialstellen** sind nicht kategorisierbare Formen an Bauzäunen oder auf Messegeländen, sowie Abribus-Stellen (beleuchtet, hinter Glas, an Haltestellen des ÖPNV) etc.
- Bei der **mobilen Außenwerbung** handelt es sich um Aufschriften auf Fahrzeugen.

---

166 ebenda, S. 70.
167 Vgl. Unger in: Gemeinschaftswerk der Evangelischen Publizistik (2004), S. 841.

75

Informationen rund um die Außenwerbung können bei der Deutschen Städte Reklame GmbH oder der Deutschen Städte-Medien GmbH (http://www.dsme-dien.de) eingeholt werden.

Checkliste zur Außenwerbung

✓ Welche Formen der Außenwerbung kommen generell in Frage (Gibt es beispielsweise eigene Flächen, die sich zur Außenwerbung eignen: Plakate oder Stoffbahnen am eigenen Gebäude, Werbung auf eigenen Fahrzeugen etc.)?
✓ Schafft die Außenwerbung Aufmerksamkeit beim kurzen Vorübergehen?
✓ Zeichnet sich die Gestaltung durch eine überzeugende und sehr reduzierte Gestaltung aus?
✓ Wo erreiche ich meine Zielgruppen mit der Außenwerbung?

Abbildung 32: Checkliste zur Außenwerbung

bb) Streuung der Werbemittel/Mediaplanung

Der Erfolg von Werbemitteln hängt nicht nur von einer klaren Gestaltung, sondern auch zu einem Großteil von der richtigen Streuung bzw. Verbreitung ab. Die Werbemittelstreuung sorgt dafür, dass die gewünschte Botschaft an die relevante Zielgruppe gelangt. Dazu gilt es zu ermitteln, in welchen Bereichen sich die Zielgruppe bewegt und wo sie sich aufhält. Nur so können so genannte Streuverluste minimiert werden. Streuverluste sind die bei der Streuung (Verteilung) von Werbemitteln eintretenden überflüssigen Kosten durch Überstreuung oder unnötige Überschneidungen, d. h. Kosten für Werbeschaltungen, wo es keine Abnehmer gibt oder zur gleichen Zeit am gleichen Ort bereits Werbemittel gestreut werden.[168]

Werbemittel werden in so genannten Werbeträgern geschaltet. Als Werbeträger werden Printmedien (z. B. Zeitungen und Zeitschriften) wie auch Elektromedien (z. B. Rundfunk, TV) als Transportmittel von Botschaften zwischen Absender und Empfänger bezeichnet. Zur Auswahl geeigneter Werbeträger werden Media-Analysen herangezogen. Diese geben Aufschluss darüber, wie viele und welche Personen von dem Werbeträger erreicht werden und wie regelmäßig der Werbeträger genutzt wird. Zu den bedeutendsten Markt-/Media-Analysen zählen die Media-Analyse (MA), die Allensbacher Werbeträger-Analyse (AWA), die Typologie der Wünsche Intermedia (TDWI) sowie die Verbraucher-Analyse (VA). Die Media-Analysen enthalten Media-Daten wie Angaben zu Auflage (Zahl der Exemplare einer Druckschrift), Anzeigenformaten und -preisen sowie zur Reichweite der

---

168   Vgl. Pepels (2000), S. 253.

Werbeträger. Als Reichweite wird der Anteil der Bevölkerung oder einer bestimmten Untergruppe bezeichnet, die zu einem bestimmten Zeitpunkt oder in einem bestimmten Zeitraum Kontakt mit den Werbeträgern haben bzw. hatten.[169]

Checkliste zur Streuplanung

✓ In welchen Regionen und Bereichen hält sich die Zielgruppe auf?
✓ An welchen Stellen können eigene Medien ausgelegt werden?
✓ Können bei der Verteilung Multiplikatoren eingesetzt werden?
✓ Welche Medien werden von der Zielgruppe bevorzugt gelesen?
✓ Welche Medien nutzen diese Personen noch?
✓ Was kostet die Schaltung von Anzeigen in diesen Medien?
✓ Ist die Unterbringung von Füllanzeigen möglich?
✓ Können Anzeigen geschickt im Werbeträger platziert werden (Optimalerweise neben Beiträgen mit thematisch ähnlichem Inhalt wie das Anliegen der NPO)?

Abbildung 33: Checkliste zur Streuplanung

b) Direktmarketing

Neben der Werbung wird der Kommunikationspolitik auch das Instrument des Direktmarketing zugeordnet. Direktmarketing zielt darauf ab, bestimmte Zielgruppen mit verschiedenen Medien direkt anzusprechen, um einen individuellen Kontakt herzustellen.[170] Vorrangiges Ziel des Direktmarketing ist die Schaffung eines Dialogs mit den anvisierten Zielgruppen. Die Vorteile des Direktmarketing bestehen aus der Sammlung und Analyse relevanter Kundendaten, einer individualisierten Ansprache auf Grundlage dieser Daten sowie der genauen Messbarkeit des Erfolgs der durchgeführten Direktmarketingmaßnahmen.[171]

Der Werbebrief (Direct Mailing) ist das wichtigste Direktwerbemedium. Er wird per Post oder durch eine Verteilerorganisation an die Adressaten verteilt. Der Vorteil eines Werbebriefes liegt in der Möglichkeit einer gezielten Ansprache und Personalisierung. Als gravierender Nachteil von Werbebriefen ist jedoch die hohe Wahrscheinlichkeit anzusehen, dass der Werbebrief gar nicht erst geöffnet, sondern direkt entsorgt wird.[172]

Gerade Spenden sammelnde Organisationen setzen verstärkt Werbebriefe ein. Sie sprechen anvisierten Zielgruppen persönlich an, wodurch die Wahrscheinlichkeit einer Handlungsreaktion steigt. Eine intensive Kontaktpflege sowie eine erneute Spendenaufforderung tragen dabei verstärkt zur wiederholten Spenden-

---

169 Vgl. Unger in: Gemeinschaftswerk der Evangelischen Publizistik (2004), S. 835–854.
170 Vgl. Bruhn; Tilmes (1994), S. 187.
171 Vgl. Becker (2002), S. 583.
172 Vgl. Kapp-Barutzki in: Gemeinschaftswerk der Evangelischen Publizistik (2004), S. 970.

generierung bei. Gerade hier bestätigt sich die Erkenntnis, dass es um ein vielfaches schwerer ist, einen Neukunden bzw. Neuspender zu akquirieren, als einen bestehenden Kontakt zu erneutem Handeln zu bewegen.[173]

Checkliste zum Direct Mailing

✓ Sind Anschrift und Anrede persönlich und fehlerfrei?
✓ Ist der Brief exakt datiert?
✓ Hebt die Überschrift den Nutzen für den Leser hervor und erweckt dadurch Interesse?
✓ Ist der Text in mehrere Blöcke unterteilt und beschränkt sich auf eine Seite?
✓ Sind Unterstreichungen und Fettdrucke integriert, welche die Aufmerksamkeit des Lesers auf sich ziehen und dem Lesefluss dienen?
✓ Wird der Leser am Ende des Briefes nicht allein gelassen, sondern zu konkretem Handeln angeregt?
✓ Ist die Unterschrift Original und in blauer Tinte gehalten?
  (Sie wirkt dann am seriösesten)
✓ Enthält das Mailing ein Postscriptum (PS), welches den Hauptnutzen für den Leser enthält?
✓ Ist der Rückumschlag mit der Bezeichnung „Antwort" beschriftet?
  (Dies spart bares Geld)

Abbildung 34: Checkliste zum Direct Mailing

c) Public Relations (Öffentlichkeitsarbeit)

Die Kommunikationspolitik umfasst als ein weiteres Instrument die Öffentlichkeitsarbeit (Public Relations). Die Aufgabe der PR besteht darin, die Öffentlichkeit über das Unternehmen sowie dessen Tätigkeiten zu informieren. Auf diese Weise soll eine Vertrauensgrundlage zwischen dem Unternehmen und der Öffentlichkeit geschaffen werden. Eine gezielte PR profiliert das Unternehmen als Absender (Garant) der Produkte und Leistungen und wirbt um öffentliches Vertrauen. Die Wichtigkeit der Öffentlichkeitsarbeit ist darin zu sehen, dass Kunden und Interessierte ihre Kaufentscheidung bzw. Interessen zumeist auch von Ruf und Kompetenz des Unternehmens insgesamt abhängig machen und sich nicht allein auf profilierte Produkte verlassen. Public Relations wendet sich dabei an verschiedene Teilöffentlichkeiten und wird aus diesem Grund auf eine breite Zielgruppe ausgerichtet. Dazu zählen externe Anspruchs- und Zielgruppen (Fremdkapitalgeber, Lieferanten, Kunden, Konkurrenten, Staat und Gesellschaft) wie auch interne Anspruchs- und Zielgruppen (Eigentümer, Management, Mitarbeiter).[174]

Das Instrument der PR eignet sich insbesondere für den Einsatz im Social Marketing, da es dazu beiträgt, Vertrauen zu erzeugen. Dieses ist, wie bereits erwähnt,

---

173 Purtschert (2005), S. 272.
174 Vgl. Becker (2002), S. 600 f.

eine wichtige Grundlage für ein erfolgreiches Bestehen im Non-Profit-Bereich. Darüber hinaus erzielt eine gelungene PR mit einem relativ geringen Aufwand i. d. R. eine gute kommunikative Wirkung. Dies kommt insbesondere dem stark begrenzten Budget nichtkommerzieller Organisationen zugute. Gleichzeitig wird neutral erscheinenden Presseartikeln wiederum mehr Vertrauen geschenkt als der klassischen Werbung.[175]

Zu den wichtigsten PR-Instrumenten zählen:[176]

- **Informationssysteme für Mitarbeiter:** Diese werden der internen PR zugeordnet und informieren Mitarbeiter über die Unternehmensaktivitäten. Sie dienen einer besseren Identifikation, einer Erhöhung der Motivation sowie einer stärkeren Bindung der Mitarbeiter an das Unternehmen. Zur direkten Ansprache der Mitarbeiter bieten sich insbesondere die Durchführung von Betriebsveranstaltungen (Betriebsausflüge), die Gestaltung von Drucksachen (Mitarbeiterzeitschriften) sowie persönliche Gespräche (Betriebsversammlungen, Diskussionsrunden) an.

- **Unternehmenseigene Veranstaltungen (Events):** Events schaffen Anlässe, um die Öffentlichkeit und vor allem Kunden auf das Unternehmen aufmerksam zu machen. Diese Veranstaltungen sollten positive Gefühle bei den Zielpersonen (Öffentlichkeit, Kunden und auch Mitarbeiter) erwecken, damit sie einen besonderen Stellenwert erhalten. Solche Veranstaltungen können beispielsweise Kundenclubs, Tage der offenen Tür, Betriebsbesichtigungen, Informationsveranstaltungen, Vorträge, Symposien, Teilnahme an Tagungen, Kongressen und Messen, Durchführung von und Teilnahme an Wettbewerben oder auch Festakte und Jubiläen sein.

- **Print- oder Druckerzeugnisse:** Drucksachen werden sowohl für die interne wie auch für die externe PR eingesetzt. Darunter fallen sämtliche Drucksachen, welche das Unternehmen zu seiner informativen Selbstdarstellung und zur Darstellung seiner Arbeit herausgibt. Dazu zählen Zeitschriften, Broschüren, Flyer, PR-Anzeigen sowie Geschäftsberichte.

- **Pressearbeit:** Eine aktive Pressearbeit ermöglicht es dem Unternehmen, die Öffentlichkeit direkt bzw. über die Medien anzusprechen. Zu den Aktivitäten der aktiven Pressearbeit gehören neben Pressemitteilungen (kurzer Informationstext, der vor der Veranstaltung an Journalisten, Redaktionen sowie Multiplikatoren geschickt wird) auch Presseberichte (objektive Wiedergabe des Geschehens für Pressevertreter nach einer Veranstaltung), Pressemappen (Pressemeldung in Form mehrerer Presseartikel), Informationsmaterial über das Unternehmen

---

175 Vgl. Meffert (2000), S. 1285.
176 Vgl. Scheibe-Jäger (2002), S. 136 ff.

(Bildmaterial, Visitenkarten) und Pressespiegel (Zusammenstellung ausgewählter Zeitungs- und Zeitschriftenberichte) sowie Presseveranstaltungen (Pressekonferenz, Pressegespräch, Interview).

Checkliste zur Öffentlichkeitsarbeit

✓ Gibt eine Jahresplanung in der Pressearbeit?
✓ Gibt es einen Presseverteiler (Verteilerliste mit allen Medien in der Region und lokal)?
✓ Welche Medien (Zeitungen und Zeitschriften) eignen sich insbesondere für die Pressearbeit der NPO? Wer sind die jeweiligen Ansprechpartner?
✓ Welche Medien werden herausgegeben (Zeitschriften, Broschüren, Flyer, PR-Anzeigen, Geschäftsberichte)? Sind diese auf die jeweilige Zielgruppe zugeschnitten?
✓ Wird eine aktive Pressearbeit betrieben mit regelmäßigen Pressemitteilungen und Presseberichten sowie Presseveranstaltungen?
✓ Wird Interessenten eine Pressemappe sowie ein Pressspiegel zur Verfügung gestellt?
✓ Können Experten als Interviewpartner benannt werden?
✓ Werden die Mitarbeiter ausreichend informiert?
✓ Welche Instrumente werden dazu angewandt und welche bieten sich darüber hinaus an? (Mitarbeiterzeitschriften, unternehmenseigene Veranstaltungen, Betriebsversammlungen, Diskussionsrunden)

Abbildung 35: Checkliste zur PR

d) Sponsoring

Als weiteres Instrument der Kommunikationspolitik ist das Sponsoring zu nennen. Sponsoring basiert auf dem Prinzip von Leistung und Gegenleistung. Sponsoren erbringen Leistungen (Geld, Sachmittel, Dienstleistungen) und erhalten dafür konkrete Gegenleistungen von den Gesponserten wie z. B. die Nennung der Sponsoren in der Pressearbeit oder auf Veranstaltungen, schriftliche Erwähnung auf Informationsmaterialien.[177]

Beim Sponsoring werden drei Hauptbeteiligte unterschieden:[178]

- **Sponsoren**, die sich durch die Übernahme eines Sponsorship zusätzliche Möglichkeiten schaffen, um mit ihrer Zielgruppe in Kontakt zu treten und um gleichzeitig ihre Marke oder ihr Unternehmen positiv »aufzuladen«.
- **Gesponserte** Individuen oder Non-Profit-Organisationen, die sich durch das Sponsoring zusätzliche Finanzierungsquellen erschließen.
- **Massenmedien** in Form von Presse, Rundfunk und Fernsehen, welche Sponsoringprojekte nutzen, um sich gegenüber ihren direkten Medienkonkurrenten (z. B. einzelne Fernsehsender) einen Vorteil zu verschaffen und ihre eigene Zielgruppe zu erreichen.

---

177 Vgl. Lang; Haunert (1995), S. 23.
178 Vgl. Bruhn; Tilmes (1994), S. 31 ff.
179 Vgl. Bruhn (1998): Sponsoring, 3. Auflage, S. 22.

Social Sponsoring ist eine spezielle Form des Sponsoring und verfolgt eine Verbesserung der Aufgabenerfüllung von Non-Profit-Organisationen im sozialen Bereich. Dies erfolgt durch die Bereitstellung von Finanz- und Sachmitteln oder auch Dienstleistungen durch Unternehmen. Die Unternehmen streben damit direkt oder auch indirekt positive Wirkungen für ihre Unternehmenskultur und -kommunikation an.[179]

Checkliste zum Sponsoring

✓ Welche Ziele sollen mit dem Sponsorship erreicht werden?
✓ Welche Zielgruppen sollen mit dem Sponsorship erreicht werden?
✓ Passen Sponsor und Gesponserter auf nachvollziehbare Art und Weise zusammen (macht ein solches Sponsorship auch für Außenstehende bzw. die Öffentlichkeit Sinn)?
✓ Welche Leistungen erbringen Sponsor und Gesponserter? Ist dies vertraglich geregelt?
✓ Werden neben dem Sponsor und dem Gesponserten auch Medien mit einbezogen (Zeitungen und Zeitschriften), welche das Sponsoring in die Öffentlichkeit tragen?
✓ Wie kann der Erfolg des Sponsorship gemessen werden (z. B. Anzahl an Pressemeldungen, Informationsanfragen zum Sponsorship)?

Abbildung 36: Checkliste zum Sponsoring

6 Schritt 6: Die Realisierung

Nachdem in vorangegangenem Kapitel die Instrumente der Kommunikationspolitik aufgezeigt wurden, sollen nachfolgend Hinweise und Ratschläge zur Realisierung und Gestaltung der Kommunikationsinstrumente gegeben werden.

Eine ziel-strategisch fundierte Marketing- und Kommunikationskonzeption findet ihre eigentliche Umsetzung in den operativ-instrumentellen Marketingmaßnahmen. Diese füllen eine Kommunikationskonzeption mit Leben, da sie seh-, fühl- und hörbar sind und sich direkt an die Zielgruppen bzw. die Kunden des Unternehmens richten.[180]

Eine professionelle Unternehmenskommunikation muss eine integrierte Kommunikation sein. Dies bedeutet, dass alle Kommunikationsinstrumente (Corporate Design und Corporate Communications) harmonisch aufeinander abgestimmt werden (Kommunikations-Mix) und sich nahtlos in die CI-Konzeption und Marketinginstrumente des Unternehmens als Ganzes einfügen. Nur so können Synergiepotenziale bestmöglich genutzt werden.

---

180   Vgl. Becker (2002), S. 829.

6.1 Realisierungsmodelle der Kommunikation

Um effektiv zu kommunizieren, müssen bei der Gestaltung der Werbemittel grundsätzliche Regeln der Kommunikation und Wahrnehmung beachtet werden. Dies ist vor allem aufgrund der zunehmenden Informationsüberlastung und Reizüberflutung durch die Medien von Bedeutung.[181]

Direkte und indirekte Kommunikation

Kommunikation dient der Übermittlung einer Botschaft und findet als Beziehung zwischen einem Sender und einem Empfänger statt. Dabei werden die direkte sowie die indirekte Kommunikation unterschieden. Die direkte Kommunikation wird auch als persönliche Kommunikation bezeichnet, da sie von Mensch zu Mensch (beispielsweise in einem persönlichen Verkaufsgespräch) erfolgt. Bei der indirekten Kommunikation wird die Botschaft dagegen über indirekte, anonyme Medien kommuniziert. Zu diesen so genannten Massenmedien werden u. a. Film, Funk und Fernsehen sowie Anzeigen in Druckmedien gezählt.[182]

Ablauf der Kommunikation

Der klassische Ablauf der Kommunikation wird durch das so genannte »Paradigma der Kommunikation« beschrieben:[183]
- Wer (Unternehmen)
- sagt was (Kommunikationsbotschaft)
- unter welchen Bedingungen (Umweltsituation)
- über welche Kanäle (Medien, Kommunikationsträger)
- zu wem (Zielgruppe)
- mit welchen Wirkungen (Kommunikationserfolg)?

Empirische Kommunikationsforschung

Im Zuge der Kommunikation nimmt der Empfänger neben der reinen Information grundsätzlich auch das Verhalten des Senders wahr und bewertet die Kommunikation als Produkt beider Ebenen. Aus diesem Grund offenbart der Sender (in diesem Fall das Unternehmen) in jeder kommunikativen Äußerung wesentliche Aspekte

---

181 Vgl. Schwarz; Purtschert; Giroud (1999), S. 164.
182 Vgl. Scheibe-Jäger (2002), S. 117.
183 Vgl. Lasswell in: Berelson (1967): Reader in Public Opinion Communication, 2nd edition, p. 178.

seines Selbstverständnisses, seiner Kultur, Persönlichkeit und Haltung. Dadurch wird der hohe Stellenwert und die Wichtigkeit einer schlüssigen und eindeutig festgelegten Corporate Identity nochmals begründet. Diese wird durch den kontinuierlichen Einbau standardisierter Informationen mit konstanten Inhalten in allen kommunikativen Äußerungen aufgebaut und gefestigt.[184]

> Lässt ein Unternehmen seine Produkte beispielsweise mit Hilfe von Kinderarbeit in Entwicklungsländern herstellen, so wird sich dieses ethisch fragwürdige Verhalten auch auf das Image des Unternehmens auswirken. Kommuniziert das besagte Unternehmen nun gleichzeitig sein gesellschaftliches Engagement im Mutterland, so wird dies in der Öffentlichkeit Irritation und Ablehnung hervorrufen. Gegebenenfalls könnte dies sogar dazu führen, dass Verbraucher Produkte dieses Unternehmens nicht mehr kaufen werden. Glaubwürdigkeitsverluste entstehen, die nur sehr schwer wieder behoben werden können.

Neben den bisher aufgezeigten Übermittlungsebenen (Sender und Empfänger) spielt auch die menschliche Wahrnehmung bzw. die Fähigkeit der Informationsaufnahme bei der Kommunikation eine wichtige Rolle. Zum einen nimmt der Mensch selektiv wahr. Er sieht und hört auch nur jene Dinge, die er sehen und hören möchte bzw. die für ihn von Interesse sind. Zum andern interpretiert jeder Mensch Informationen nach individuellen Denkschemata, welches u. a. durch Geschlecht, Alter und auch Selbstvertrauen geprägt ist. Das nicht Passende oder nicht Gewünschte wird verdrängt.[185]

Imagery

Hinter der Bezeichnung Imagery verbirgt sich die Auffassung, dass Bilder eine einprägsamere Wirkung als Texte besitzen. Zur Begründung dieser These kann das Hemisphärenmodell herangezogen werden. Es beschäftigt sich mit der Frage, auf welche Art und Weise Bilder sowie Texte vom Konsumenten aufgenommen und verarbeitet werden. Generell lässt sich festhalten, dass bei der menschlichen Informationsverarbeitung wahrgenommene Reize mit verbalen und besonders mit nicht-verbalen Eindrücken (wie Gerüche, Gestik, Mimik, Bilder, Geräusche) verbunden sind. Diese Eindrücke werden in inneren Bildern verankert, die dafür sorgen, dass Menschen Informationen besser behalten und auch leichter abrufen können. Die Hemisphärenforschung hat herausgefunden, dass diese inneren Bilder zusammen mit emotionalen, nichtsprachlichen Vorgängen in der rechten Hirnhälfte gleichzeitig verarbeitet und repräsentiert werden. Alle logisch-analy-

---

184 Vgl. Homburg; Krohmer (2003), S. 621.
185 Vgl. Schwarz; Purtschert; Giroud (1999), S. 164.

tischen und verbalen Vorgänge werden dagegen in der linken Hirnhälfte nacheinander verarbeitet.[186] Aus diesen Gründen sollte bei der Konsumentenansprache vor allem die rechte Gehirnhälfte (das »Bildgehirn«) angesprochen werden, um eine optimale Informationsverarbeitung und -speicherung zu erzielen. Die Glaubwürdigkeit der bildlichen Kommunikation ist höher als die der textlichen Kommunikation, da die kognitive Beteiligung geringer ist und die Merkmalserfassung direkt erfolgt. An Bilder kann man sich besser erinnern als an Texte, zumal sie emotionale Inhalte besser transportieren.[187]

> Ein einprägsames **Beispiel** für den erfolgreichen Einsatz von **Imagery** ist die **Spendengala** **»Ein Herz für Kinder«** des ZDF. Allein die Nennung des Namens reicht aus, um in den Köpfen der Zuschauer ein konkretes Bild entstehen zu lassen: Das rote Herz mit dem beigefügten Schriftzug »Ein Herz für Kinder«.

Werbewirkung

Die Erreichung der Kommunikationsziele erfordert i. d. R. eine systematische Vorgehensweise in der Planung zukünftiger Kommunikationsmaßnahmen. Dies kann nach dem AIDA-Modell erfolgen. AIDA steht dabei für A = Attention/Aufmerksamkeit, I = Interest/Interesse, D = Desire/Bedarf und A = Action/Aktion:[188]

- In einem ersten Schritt muss die Zielgruppe auf die NPO aufmerksam gemacht werden. Die erwünschte **Aufmerksamkeit** entsteht durch gezielte Kommunika-

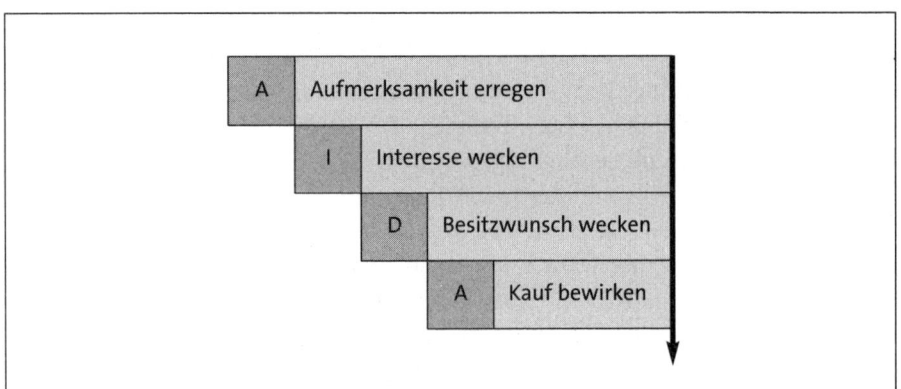

Abbildung 37: Das AIDA-Modell[189]

---

186 Vgl. Linxweiler (1999), S. 71.
187 ebenda.
188 Vgl. Homburg; Krohmer (2003), S. 625.
189 In Anlehnung an Homburg; Krohmer (2003), S. 625.

tion. Dazu sollte sich der Kommunikations-Absender eindeutig mit Hilfe geeigneter Absender-Eigenschaften positionieren. Umgesetzt werden diese Eigenschaften in einer klar verständlichen Corporate Identity (Positionierung) und dem Corporate Design (Logo, Slogan und Geschäftsausstattung). Dieses Erscheinungsbild wird durch entsprechende Kommunikationsmaßnahmen ergänzt (Werbemittel, Direktmarketingmaßnahmen, PR).

- Aus Aufmerksamkeit entsteht **Interesse** – jedoch nur dann, wenn die richtigen Kommunikationsempfänger mit der passenden Information versorgt werden. Personen, die Interesse an der NPO zeigen, sollten die Möglichkeit erhalten mit ihr in Kontakt zu treten.
- Ein **Bedarf** an der Arbeit der Organisation bzw. ein Besitzwunsch an deren Leistungen entsteht nur durch konkrete Angebote. Diese gilt es zu schaffen und den anvisierten Zielpersonen entsprechend zu vermitteln. Allein dadurch kann sich aus einem allgemeinem Interesse an der NPO ein Bedarf an dessen Leistungen entwickeln.
- Stimmen Bedürfnis der interessierten Personen und das Angebot seitens der Organisation überein, so kann dies eine konkrete Handlung bzw. **Aktion** auslösen. Beispielsweise kann dies eine Kontaktaufnahme sein, es kann aber auch zu konkreten Handlungen wie der Überweisung von Spenden oder der Inanspruchnahme der gebotenen Unternehmensleistungen kommen.

Werbung sollte prinzipiell aufmerksamkeitsstark (durch den Einsatz von Bildern) und einzigartig (eingängige und prägnante Texte) sein sowie längerfristig und kontinuierlich angelegt. Denn allein durch beständige Wiederholung können kommunizierte Inhalte gelernt werden. Inhaltlich sollte sich die Werbung auf das Wesentliche konzentrieren, gleichzeitig ihre Kernaussagen beweisen und dadurch glaubwürdig sein. Formal sollte die Marke/das Unternehmen als Absender verdeutlicht werden, die kommunizierten Inhalte sollten leicht verständlich sein, dem Charakter des Produkts entsprechen und in einer zielgruppenadäquaten Sprache gehalten sein.

Der Empfänger einer Werbebotschaft muss sich von der gesendeten Botschaft derart angesprochen fühlen, dass er sich intensiv mit ihr auseinandersetzt. Erst wenn diese Hemmschwelle überschritten ist, kann es zu erwünschten Reaktionen, wie beispielsweise zur Inanspruchnahme der angebotenen Dienstleistung, kommen.

Werbung muss einfach und verständlich formuliert werden, damit sie von den relevanten Zielgruppen (interne und externe) auf beabsichtigte Art und Weise verstanden werden kann. Im englischen Sprachgebrauch wird für diese Regel der Begriff KISS verwendet. KISS bedeutet: Keep it short and simple (formuliere möglichst kurz und verständlich).

6.2 Realisierung der Werbemittel

Grundlage für die Realisierung aller Werbemittel ist die so genannte Copy Strategie. Diese bildet die strategische Basis für die werbliche Umsetzung und beschreibt deren Inhalt und Gestaltungsstil.

Die Elemente der Copy Strategie sind:[190]

- **Nutzen (Benefit):** Dieser konkretisiert den Produkt- bzw. Leistungsnutzen des Unternehmens in Form eines glaubhaften Produktversprechens. Der Benefit sollte also ausdrücken, welchen Vorteil der Verbraucher hat, wenn er das Produkt kauft. Er kann faktisch (z. B. unser Pflegeheim bietet die beste Pflege) oder psychologisch (z. B. in unserem Pflegeheim werden Sie wie ein König behandelt) sein.
- **Begründung (Reason Why):** Der Reason Why legitimiert den Benefit (Nutzen) und soll den Glauben an das Produkt bzw. Unternehmen verstärken (jeweils an den faktischen oder psychologischen Nutzen angepasst (z. B. faktisch: Wir arbeiten nach den neuesten Pflegestandards; psychologisch: Wir nehmen uns neben der eigentlichen Pflege viel Zeit für eine umfassende persönliche Betreuung).
- **Die Art und Weise der werblichen Umsetzung (Tonalität):** Diese umfasst den Grundton des Werbeauftritts und wird auch als »atmosphärische Verpackung« der Werbebotschaft bezeichnet. Sie legt Tonart und Stil fest, mit dem die Zielgruppe angesprochen werden soll. Sie wird mit Hilfe von Adjektiven umschrieben (beispielsweise modern, innovativ, sympathisch), um sie greifbar zu machen.

Teil III zeigt konkrete Ausformulierungen der Copy Strategie, insbesondere Benefit und Reason Why, anhand der neuen Caritas-Stiftung praktisch auf.

7 Schritt 7: Die Erfolgskontrolle

Wie zu Beginn des »Social Marketingprozesses« aufgezeigt, stellen Marketingkonzepte Leitpläne für ein Unternehmen dar. Diese können ihre vorgesehene »Fahrplanfunktion« jedoch nur dann erfüllen, wenn die hierfür erforderlichen Bedingungen (Ziele, Strategien und deren Umsetzung) geschaffen, aufrechterhalten und ggf. ausgebaut werden. Das unternehmerische Handeln bedarf also zugleich einer hinreichenden Kontrolle dieser Bedingungen, um effektiv werden zu können.[191]

---

190 Vgl. Becker (2002), S. 569 f.
191 ebenda, S. 862.

7.1 Operatives Controlling

Die Erfolgskontrolle wird in ein operatives und in ein strategisches Marketing-Controlling eingeteilt. Die hauptsächliche Aufgabe dieser Art des Marketing-Controlling liegt in der Kontrolle der Marketingaktivitäten, in der Analyse von Abweichungsursachen und in der Initiierung von Anpassungsmaßnahmen. Dazu sollten sowohl der gegenwärtige Marketing-Mix wie auch die einzelnen Marketinginstrumente untersucht werden.[192]

Beim operativen Marketing-Controlling werden im Voraus festgelegte Schlüsseldaten (Indikatoren) zur Aufdeckung von Problemen und Chancen im Marketing periodisch im Soll-Ist-Vergleich überprüft und bewertet. Planungsabweichungen bzw. Chancen und Risiken können so rechtzeitig erkannt werden, um darauf reagieren zu können.[193]

Der Umsatz stellt für das Marketing eine der wichtigsten Kontrollgrößen dar. Dabei werden die erreichten Ergebnisse mit den zuvor festgelegten Umsatzzielen abgeglichen. Der Nachteil von reinen Umsatzanalysen liegt darin, dass die Kosten der Marketingmaßnahmen nicht in die Überprüfung einbezogen werden. Um diesen Nachteil zu beheben, werden oftmals so genannte Absatzsegmentrechnungen durchgeführt. Der Ansatz dieser Analysen besteht darin, eine Erfolgsaufspaltung nach gedanklich unterscheidbaren Teilbereichen der Absatztätigkeit vorzunehmen, um daraus genauere Hinweise auf Gewinn- bzw. Verlustquellen und Anhaltspunkte für Steuerungseingriffe zu gewinnen.[194]

»Neben gesamtmixbezogenen Kontroll- bzw. Überwachungsrechnungen sind auch Überprüfungen der einzelnen instrumentenbezogenen Marketingmaßnahmen sinnvoll und notwendig, um bei der Planabweichung ganz bestimmte Korrektur- bzw. Anpassungsmaßnahmen vornehmen zu können«.[195]

Zu untersuchen sind:[196]

- Im Rahmen der **Preispolitik** sollte kontrolliert werden, ob für die gebotenen Produkte auch angemessene Preise erzielt werden. Diese Überprüfung ist insofern von Nöten, da sie die wirtschaftliche Handlungsfähigkeit bzw. Liquidität des Unternehmens bestimmt.
- Bei der **Produktpolitik** gilt es insbesondere zu klären, welche Produkte in welcher Form auch in Zukunft beibehalten werden sollen und welche Veränderungen es anzustreben gilt.

---

192 Vgl. Meffert (2000), S. 1138.
193 Vgl. Kotler; Bliemel (2001), S. 1183.
194 Vgl. Becker (2002), S. 864.
195 Becker (2002), S. 861–867.
196 Vgl. Becker (2002), S. 861–867.

- Im Rahmen der **Distributionspolitik** ist eine Prüfung der Effizienz bzw. Erfolgswirksamkeit der Absatzwege erforderlich. So sollte durchleuchtet werden, welche Absatzwege welchen Anteil zum Vertrieb der Produkte und Dienstleistungen und damit zur Umsatzgenerierung leisten. Ineffiziente Absatzwege sollten gestrichen, effiziente dagegen ausgebaut und verstärkt werden.

- Die **Kommunikationspolitik** sollte vor allem in Hinblick auf Effizienz und Wirksamkeit ihrer Werbemaßnahmen kontrolliert werden. Dies ist insofern von Bedeutung, da Werbeaufwendungen oftmals einen bedeutenden Anteil am Kommunikationsbudget aufweisen. Neben der kontinuierlichen Kontrolle von Markenaufbau und Corporate Identity sollten hier auch alle zuvor definierten Ziele sowie deren Erreichung überprüft werden. Dazu gehört auch die Überprüfung der Aktualität der kommunizierten Inhalte sowie der Relevanz der Werbemittel dahingehend, ob die Aussagen im Zeitablauf zur CI und Soll-Positionierung passen.

Einen ergänzenden Ansatz für das Controlling stellt das Konzept der Balanced Scorecard dar. Dieser Ansatz überwindet die einseitige Orientierung an der finanziellen Performance und berücksichtigt Leistungsstandards auf verschiedenen Ebenen, allen voran kundenbezogene.[197]

»Dieses Konzept geht davon aus, dass Unternehmen heute derart komplex sind und in einem ebensolchen Umfeld agieren, dass sie nicht mehr rein durch finanzielle Ergebniskennzahlen gesteuert werden können. Darüber hinaus ist die lange Zeit vordergründige Orientierung an finanziellen Ergebniskennzahlen nicht nur sehr eingeschränkt, sondern auch auf die Vergangenheit bezogen – es werden nicht die Potenziale gemessenen, die in der Zukunft wertschöpfend sind. Dabei werden die Ziele des Unternehmens bzw. einer strategischen Geschäftseinheit von der Vision und der Strategie des Unternehmens abgeleitet und entsprechende Kennzahlen entwickelt. Relevant sind dabei nicht nur finanzielle Ziele und Kennzahlen, sondern auch solche, die sich auf die Kunden (Kundenperspektive), die internen Geschäftsprozesse und das Lern- und Entwicklungspotenzial der Organisation beziehen«.[198]

7.2 Strategisches Controlling

Das strategische Marketing-Controlling versucht die Änderung der unternehmensexternen Rahmenbedingungen sichtbar bzw. vorhersagbar zu machen. Dem strategischen Marketing-Controlling fällt somit die Aufgabe einer weiterführen-

---

197 Kaplan; Norton (1997): Balanced Scorecard, S. 2 ff.
198 Stoll (2003), S. 78.

den, zielstrategischen Planung durch die Analyse und Bewertung der bestehenden Markt- und Umfeldbedingungen sowie der Unternehmenssituation zu.

Dadurch soll die Anpassungsfähigkeit von Unternehmen an neue Markt- und
Umweltkonstellationen sichergestellt werden. Durch frühzeitige strategische Weiterentwicklungen kann das Unternehmen infolgedessen angemessen auf etwaige
Änderungen reagieren oder deren Eintreten gegebenenfalls verhindern. Hauptziel
ist die Optimierung der Anpassungsfähigkeit von Unternehmen an neue Markt-
und Umweltsituationen. Hierzu kann wiederum die SWOT-Analyse[199] herangezogen werden.[200]

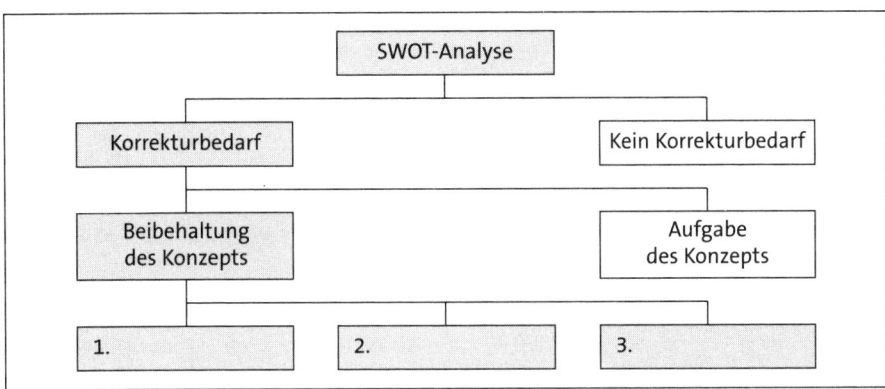

Abbildung 38: Strategische Überprüfung und mögliche Konsequenzen[201]

Es bieten sich dabei zwei Vorgehensweisen an: Wird aufgrund der SWOT-Analyse
ersichtlich, dass das bisherige Konzept in seiner derzeitigen Form beibehalten
werden kann, so bedarf es keiner Korrektur. Zeigt die SWOT-Analyse jedoch, dass
sich die Stärken, Schwächen, Chancen wie auch Risiken für das Unternehmen
nun in veränderter Art und Weise darstellen, so muss entschieden werden, ob das
bisherige Konzept trotzdem beibehalten werden kann und sich durch entsprechende Modulationen der Ziele, Strategien und Maßnahmen an die neuen Bedingungen anpassen lässt. Ist dies nicht der Fall, so bleibt alleinig die Aufgabe des
alten sowie die Erarbeitung eines völlig neuartigen Konzeptes.[202]

---

199   Vgl. hierzu SWOT-Analyse.
200   Vgl. Becker (2002), S. 877.
201   In Anlehnung an Becker (2002), S. 878.
202   Vgl. Becker (2002), S. 878.

III Der Social Marketingprozess – praktische Umsetzung

Ein konkretes Beispiel zu geben für die praktische Umsetzung der bisher erörterten theoretischen Inhalte ist Ziel des folgenden Teils. Mit Hilfe des »Social Marketingprozesses« und des »Social Marketingtableaus« werden darin zwei Instrumentarien zur Implementierung strategisch verankerter Marketing- und Kommunikationsmaßnahmen in Organisationen des Dritten Sektors vorgestellt. Dabei wird der »Social Marketingprozess« in das »Social Marketingtableau« integriert (siehe Abbildung 5, S. 35).

Anhand der im Jahr 2003 gegründeten neuen Caritas-Stiftung (in der Folge immer mit NCS abgekürzt) in der Diözese Rottenburg-Stuttgart wird die praktische Umsetzung der durch den »Social Marketingprozess« vorgegebenen Marketing- und Kommunikationsmaßnahmen schrittweise aufgezeigt. Zuvor werden theoretische Inhalte der vorangegangenen Kapitel mit praktischen Hinweisen und Inhalten angereichert. Die Inhalte in den eingerahmten Feldern legen Sachverhalte dar, die für die Positionierung der NCS von besonderer Bedeutung sind. Auf diese Positionierung wird in den folgenden Kapiteln häufig Bezug genommen – auch wenn dadurch dem Schritt 4 des »Social Marketingprozesses« (Strategie) teilweise vorgegriffen wird. Die Positionierung ist jedoch zentrales Merkmal konzeptioneller und strategischer Überlegungen; sie findet aus diesem Grund in jedem der Schritte des »Social Marketingprozesses« ihre Beachtung. Am Ende dieses Teils werden konkrete Umsetzungen und Maßnahmen in chronologischer Reihenfolge ihrer Entstehung dargestellt.

Die neue Caritas-Stiftung (NCS)

Die NCS in der Diözese Rottenburg-Stuttgart gewinnt Stifterinnen und Stifter, die sich für soziale und gemeinwohlorientierte Zwecke mittels einer eigenen Stiftung oder durch die materielle oder immaterielle Unterstützung zugunsten bestehender Stiftungen, einsetzen. Dabei versteht sich die NCS als Stifterplattform unter deren Dach unterschiedliche Formen des Stiftungsengagements ermöglicht werden. Darunter fallen: Die Gründung einer Treuhandstiftung, die Gründung eines zweckgebundenen Stiftungsfonds, die Zustiftung zu bestehenden Treuhandstiftungen unter dem Dach der Stifterplattform sowie das Überlassen eines Stifterdarlehens zugunsten konkreter Stiftungszwecke. Die aus dem Stiftungskapital erwirtschafteten Erträge (beispielsweise Zinserträge bei Geldkapital oder Mieterträge bei Immobilienbesitz) gehen den sozialen und gemeinwohlorientierten Stiftungszwecken zu.

Da das Stiftungskapital, gesetzlich verankert, auf Dauer in seinem Bestand zu erhalten ist, fließen die aus diesem Stiftungskapital erwirtschafteten Erträge dauerhaft den »Stiftungszwecken« zu.

Mit der Gründung der NCS sind konkrete Ziele sowie konkrete Dienstleistungsangebote verbunden:

- Erstes Ziel ist die Gründung von Treuhandstiftungen durch Privatpersonen oder Gruppen unter dem Dach der NCS. Dadurch soll eine Plattform für Treuhandstiftungen entstehen. Treuhandstiftungen sind rechtlich unselbstständige Stiftungen die von einem Treuhänder verwaltet werden, in diesem Fall ist der Treuhänder die NCS.
- Daneben wirbt die NCS in der Öffentlichkeit für den Stiftungsgedanken an sich und informiert über die Möglichkeiten der damit verbundenen Verantwortungsübernahme durch persönliches Stifterengagement. Die Stiftung zeigt damit Solidarität, eigenverantwortliches Wirken und zivilgesellschaftliche Beteiligung in Gesellschaft, Kirche und Sozialstaat.
- Durch das Angebot, unter ihrem Dach Treuhandstiftungen zu gründen, soll die NCS Personen und Gruppen zur Verwirklichung sozialer Visionen und Ziele animieren und unterstützen.
- Durch eine strategisch geplante Öffentlichkeitsarbeit soll eine positive und motivierende Stiftungsmarke entstehen.
- Gegenüber Stifterinnen und Stiftern soll eine neue Kultur des Dankes und der Wertschätzung aufgebaut werden, denn stifterisches Engagement wird in der NCS nicht als selbstverständlich angenommen.

Um diese Ziele zu verwirklichen und eine große Stifterfamilie, bestehend aus zahlreichen Treuhandstiftungen unter dem Dach der NCS, aufzubauen, werden konkrete Dienstleistungen für Treuhandstifter angeboten:

Die Dachstiftung übernimmt die anfallende Verwaltungsarbeit für ihre Treuhandstiftungen, wie beispielsweise Anmeldung bei den Stiftungsbehörden, Kommunikation mit den zuständigen Finanzämtern, Erstellung des Jahresabschlusses etc. Sie schafft Synergien für gegründete Treuhandstiftungen, beispielsweise bei der gemeinsamen öffentlichen Darstellung und erhöht Zinserträge durch gemeinsame und professionelle Anlageformen. Die Treuhandstiftungen können sich so voll auf die Erfüllung des jeweils von der Stifterin oder dem Stifter festgelegten Stiftungszwecks konzentrieren.

Anhand des »Social Marketingtableaus« und des darin integrierten »Social Marketingprozesses« wird nun die Vorgehensweise bei der Entwicklung einer Positionierung für die NCS dargestellt. Dabei ist horizontal die Struktur des Marketing abgebildet. Sie stellt relevante und zu prüfende Faktoren dar. Die vertikale Untergliederung beschreibt den »Social Marketingprozess«, welcher die einzelnen Schritte zur Entwicklung einer strategischen Marketingplanung aufzeigt.

1 Anwendungsschritt 1: Die Situationsanalyse

Die Situationsanalyse besteht aus der Analyse relevanter Faktoren für das unternehmerische Wirken. So werden das eigene Unternehmen, die Marke, das Umfeld, der Markt, der Wettbewerb und die Zielgruppe untersucht.

Innerhalb der Situationsanalyse für die NCS werden neben der NCS selbst die Caritas in Deutschland und der Diözesancaritasverband der Diözese Rottenburg-Stuttgart (Stifterin der NCS) betrachtet. Grundlegende Rahmenbedingungen sowie daraus resultierende Auswirkungen auf die NCS werden dabei identifiziert. Die für die NCS besonders relevanten Ergebnisse werden innerhalb der Situationsanalyse umrandet dargestellt.

1.1 Unternehmens- und Markenanalyse

In der Unternehmens- und Markenanalyse werden zunächst interne Faktoren ermittelt. Im vorliegenden Fall sind dies Faktoren, die sich aus der Analyse der Caritas in Deutschland und des Diözesancaritasverbandes der Diözese Rottenburg-Stuttgart ergeben.

Der Deutsche Caritasverband

»Der Deutsche Caritasverband wurde am 9. November 1897 gegründet. Er ist die von den deutschen Bischöfen anerkannte institutionelle Zusammenfassung und Vertretung der katholischen Caritas in Deutschland. Als Wohlfahrtsverband der katholischen Kirche wirkt der Deutsche Caritasverband mit an der Gestaltung des kirchlichen und gesellschaftlichen Lebens. Durch sein Wirken trägt er zur Glaubwürdigkeit der kirchlichen Verkündigung in der Öffentlichkeit bei. Aufgaben und Zuständigkeiten zwischen dem Deutschen Caritasverband und seinen Gliederungen und Mitgliedsorganisationen werden nach dem Subsidiaritätsprinzip geregelt. Der Deutsche Caritasverband ist Anwalt und Partner benachteiligter Menschen, Förderer von Selbsthilfe und Partizipation, Anbieter sozialer Dienstleistungen und Stifter von Solidarität. In der Gestaltung des Gemeinwohls kooperiert er mit den anderen Verbänden der Freien Wohlfahrtspflege. Als Teil des internationalen Caritasnetzwerkes unterstützt der Verband weltweit Menschen in Not«.[203]

Die Caritas ist mit ihren 24.989 Einrichtungen und Diensten sowie 482.172 hauptamtlich Beschäftigten eine der größten Wohlfahrtsorganisationen in Deutsch-

---

203 Satzung des Deutschen Caritasverbandes e. V. (2003).

land. Die Zahl der ehrenamtlichen und freiwilligen Mitarbeiter ist in etwa ebenso hoch.[204]

Der Deutsche Caritasverband umfasst die folgenden Organe: Der/die Präsident/-in repräsentiert den Deutschen Caritasverband in Kirche, Staat und Gesellschaft. Die Delegiertenversammlung berät und entscheidet über grundlegende Fragen der Caritas und erteilt entsprechende Aufträge an den Caritasrat und an den Vorstand. Der Caritasrat berät und entscheidet im Rahmen der von der Delegiertenversammlung beschlossenen Ordnungen und Richtlinien über verbandliche, politische und fachliche Fragen von besonderer Bedeutung. Darüber hinaus obliegt ihm die Aufsicht und Kontrolle über den Vorstand. Der Vorstand wiederum führt die Geschäfte des Verbandes im Rahmen der Gesetze, der Satzung sowie der Beschlüsse der Delegiertenversammlung und des Caritasrates.[205]

Der Deutsche Caritasverband gliedert sich in 27 Diözesan-Caritasverbände und innerhalb dieser in der Regel in Orts-Caritasverbände und sonstige regionale Strukturen. Die in den Pfarrgemeinden gebildeten Arbeitsgruppen und Ausschüsse für Caritas- und Sozialfragen werden der jeweiligen regionalen Struktur zugeordnet.

Diözesancaritasverband Rottenburg-Stuttgart

Der Caritasverband der Diözese Rottenburg-Stuttgart e. V. (Diözesancaritasverband) ist die vom Bischof von Rottenburg-Stuttgart anerkannte institutionelle Zusammenfassung und Vertretung der katholischen Caritas in der Diözese Rottenburg-Stuttgart. Der Diözesancaritasverband ist ein Verband der Freien Wohlfahrtspflege und eine Gliederung des Deutschen Caritasverbandes. Der Diözesancaritasverband wurde am 15. Juli 1918 gegründet. Er dient ausschließlich und unmittelbar gemeinnützigen und mildtätigen Zwecken. Die jeweiligen Untergliederungen des Diözesancaritasverbandes arbeiten mit Caritasausschüssen, Gruppen für soziale Dienste, karitativen Vereinigungen und Einrichtungen auf der Ebene der Kirchengemeinden und Dekanate zusammen.[206]

Der regionale Einzugs- und Verantwortungsbereich des Caritasverbandes der Diözese Rottenburg-Stuttgart ist nebenstehend abgebildet.

Die Marke Caritas

Ist die Caritas eine Marke? Was ist eigentlich eine Marke? Ein Ansatz zur Beantwortung dieser Fragen wird nachfolgend beschrieben:

---

204 Vgl. CD Manual, Deutscher Caritasverband e. V. (2005).
205 Vgl. Satzung des Deutschen Caritasverbandes e. V. (2003).
206 Vgl. Satzung des Diözesancaritasverbandes Rottenburg-Stuttgart (1997).

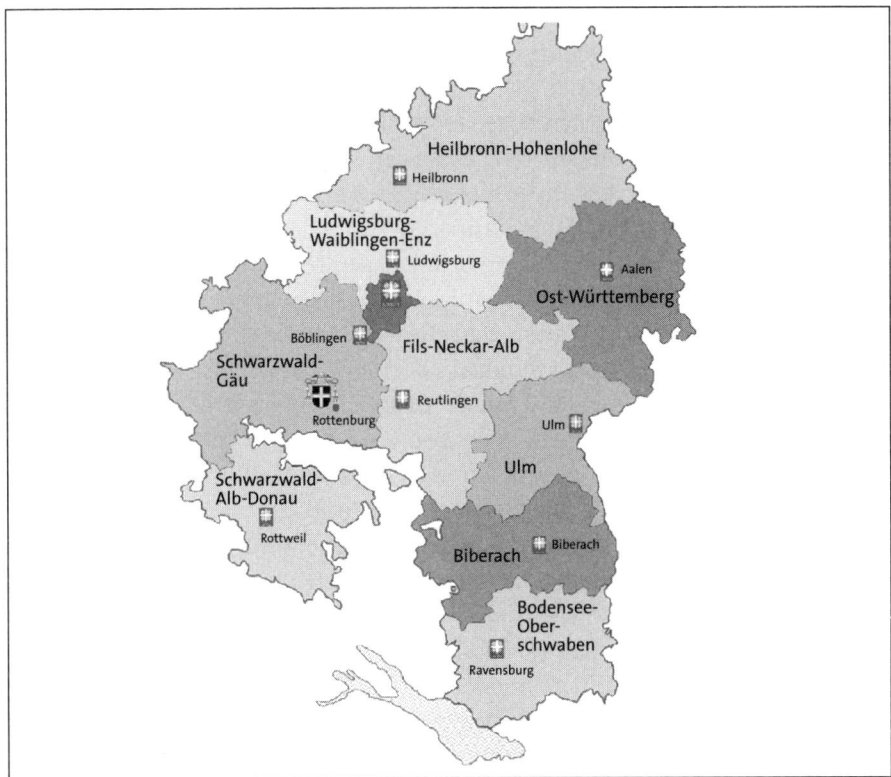

Abbildung 39: Caritas in der Diözese Rottenburg-Stuttgart[207]

Eine Marke steht für etwas Einzigartiges. Diese Einzigartigkeit äußert sich bei-spielsweise durch bestimmte Produkteigenschaften oder Produktqualitäten, die nur bei diesem Produkt oder einem bestimmten Unternehmen zu finden sind. Linxweiler beschreibt die Marke als »Bild im Kopf der Menschen«.[208]

Was fällt Ihnen beispielsweise zur »lila Kuh« ein? Haben Sie dabei bestimmte Bilder, ein bestimmtes Produkt oder eine bestimmte Marke im Kopf? Wenn ja, welche?

Woran denken Sie, wenn Sie an die Caritas denken? Haben Sie bestimmte Bil-der im Kopf, die Sie mit der Caritas in Verbindung setzen?

Bei der »lila Kuh« könnten Ihnen Bilder einfallen wie »Schokolade«, »das pro-duzierende Unternehmen dieser Schokolade« oder weitere Bilder, die Sie persön-lich mit der »lila Kuh« in Verbindung bringen. Falls Ihnen das Produkt und darü-

207   Vgl. o. V. http://www.caritas-rottenburg-stuttgart.de, Zugriff am 24. 04. 06.
208   Vgl. Linxweiler (2001), S. 52.

ber hinaus die Herstellerfirma eingefallen sind, dann freuen sich die dafür verantwortlichen »Markenkreateure« – die Marketing- und Kommunikationsprofis des Herstellerunternehmens.

Bilder im Kopf der Menschen heben ein Produkt und die Marke/das Unternehmen von Konkurrenzprodukten ab. Sie machen sie zu etwas Besonderem.

Die Frage könnte auch lauten: Woran denken Sie, wenn Sie an Schokolade denken? Welche Marken fallen Ihnen dazu ein?

Bestimmt kommen Sie auf weitere Schokoladen-Marken. Und wäre Ihnen die Marke mit der »lila Kuh« dann überhaupt sofort vor dem inneren Auge erschienen? Wenn ja, warum ist das so? Warum denken Sie an eine bestimmte Marke oder ein Unternehmen, wenn Sie an ein Produkt oder seine »Begleiterscheinungen« denken? Woran denken Sie, wenn wir vom Produkt Cola sprechen? Welche Assoziationen verbinden Sie damit? Welches Unternehmen kommt Ihnen in den Sinn?

Unternehmen und Produkte profitieren davon, eine Marke zu sein. Aus diesem Grund wird in Unternehmen über Strategien nachgedacht, wie das Unternehmen selbst oder unternehmenseigene Produkte zur Marke werden können. Haben sie eine passende Strategie gefunden, »positionieren« sie ihr Unternehmen oder das entsprechende Produkt dahingehend.

Dabei stellt die Positionierung das so genannte Alleinstellungsmerkmal eines Unternehmens/einer Marke heraus, oder auch dessen einzigartige Produktvorteile. Die Positionierung grenzt das Unternehmen/die Marke oder konkrete Produkte so von Wettbewerbern oder deren Produkten ab. Die Positionierung beschreibt demnach, wodurch sich ein Unternehmen oder eine Marke, eine Dienstleistung oder ein Produkt mit Hilfe welcher einzigartigen Eigenschaften vom jeweiligen Wettbewerbsumfeld unterscheidet.

Bezogen auf die NCS bedeutet dies: Was ist das Besondere an der NCS? Welches sind die Alleinstellungsmerkmale der Stiftung? Welche einzigartigen Vorteile ermöglicht sie potentiellen Unterstützern, Förderern, Stifterinnen und Stiftern? Warum sollen sich diese ausgerechnet innerhalb der NCS engagieren? Womit wirbt die NCS erfolgreich um die Unterstützung Dritter?

Um diese Fragen zufriedenstellend beantworten zu können, soll zunächst die Marke Caritas in Deutschland betrachtet werden, um daraus resultierende Rückschlüsse auf die neue Stiftungsmarke schließen zu können. Die wichtigsten Fragestellungen hierzu lauten: Was ist das Besondere an der Caritas und wie wird sie in der Öffentlichkeit gesehen?

Das Wickert-Institut ermittelte für den Spendenreport 1995, dass die Caritas eine »starke Marke« mit einem gestützten Bekanntheitsgrad von 91 % in der Öffentlichkeit ist.

Bei der Positionierung und Platzierung der NCS im Stiftungsmarkt kann folglich der hohe Bekanntheitsgrad der »Marke« Caritas helfen.

Spendenorganisation	Markenbekanntheitsgrad in %
Deutsches Rotes Kreuz	98
Aktion Sorgenkind	95
SOS-Kinderdörfer	94
Deutsche Krebshilfe	93
Brot für die Welt	93
Unicef	92
Caritas	91
Greenpeace	89

Abbildung 40: Markenbekanntheitsgrade von Spendenorganisationen[209]

Doch wie wird die Marke Caritas nun in der Öffentlichkeit gesehen? Dazu gilt es zu recherchieren, wodurch sich die Marke Caritas auszeichnet, welche Alleinstellungsmerkmale sie transportiert, wie sie in der relevanten Öffentlichkeit gesehen wird und welche besonderen Markenwerte sie präsentiert.

Eigene Umfrage

Um einen ersten Eindruck über das Meinungsbild der Bevölkerung bezüglich der Caritas sowie gegenüber Stiftungen zu erhalten, und um Grundlagen für die Positionierung der NCS zu sammeln, wurde eine nicht repräsentative (nicht auf die Gesamtbevölkerung übertragbare) Umfrage auf der Basis eines selbst entwickelten Fragebogens innerhalb der Zielgruppe 60plus durchgeführt.

Die Stichprobe umfasste 48 Personen (n = 48). Davon waren 21 Probanden männlich und 27 weiblich. Das Durchschnittsalter der befragten männlichen Personen betrug 61,38 Jahre und das der weiblichen Befragten 60,22 Jahre. Die Umfrage ergab, dass die Caritas einen Bekanntheitsgrad von 98 % besitzt und nur 2 % der befragten Personen die Caritas nicht kennen.

Auf die Frage »Was fällt Ihnen spontan zur Caritas ein?« wurden verschiedenste Antworten genannt, die im nachfolgenden Diagramm aufgelistet sind.

Daraus lässt sich ablesen, dass die Caritas in erster Linie als eine gemeinnützige Hilfsorganisation für sozial schwache Menschen angesehen und der katholischen Kirche zugeordnet wird. Des Weiteren wird sie mit Projekten im In- und Ausland sowie Spenden in Verbindung gebracht.

---

209   Vgl. Wickert-Institute, Spenden-Report (1995).

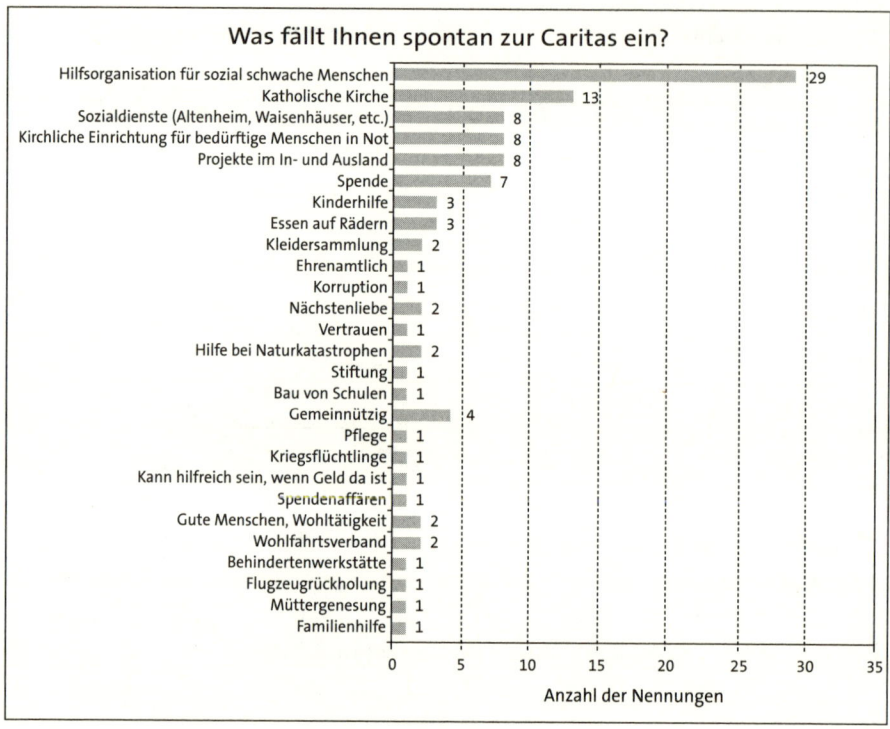

Abbildung 41: Spontane Assoziationen zur Caritas

Die Bewertung folgender Eigenschaften anhand einer Skala von 1 bis 6 (1= trifft voll zu, 6 = trifft nicht zu) in Zusammenhang mit der Caritas, ergab das nachfolgend dargestellte Polaritätenprofil.

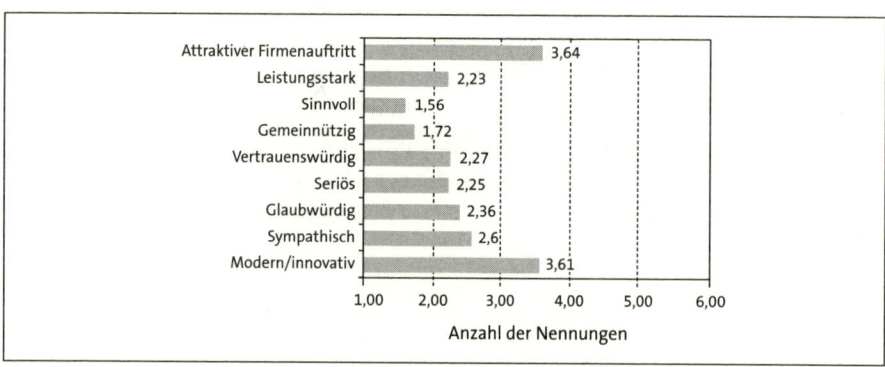

Abbildung 42: Polaritätenprofil zur Caritas

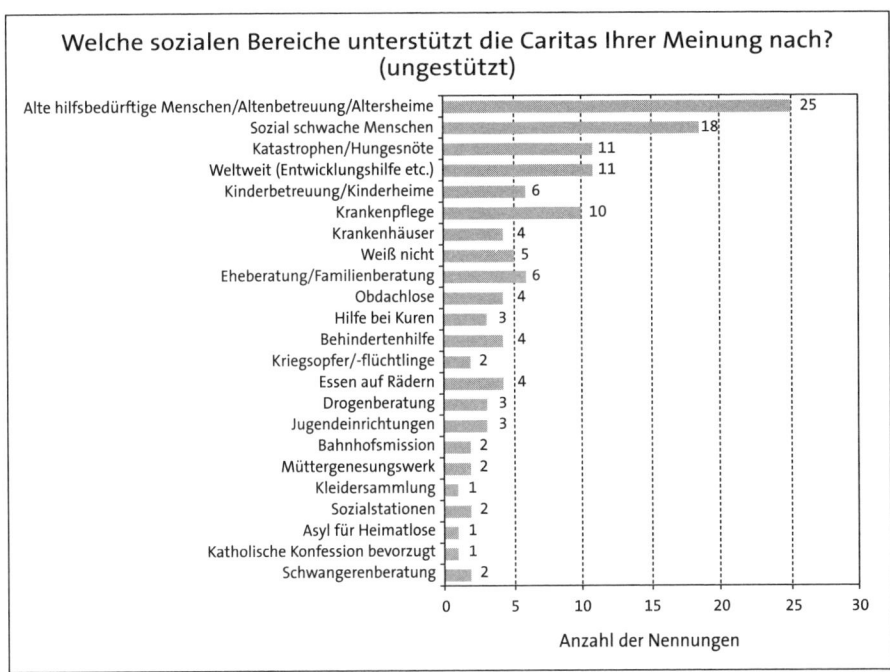

Abbildung 43: Durch die Caritas unterstützte soziale Bereiche

Anhand dieses Polaritätenprofils kann man erkennen, dass die Caritas von den Befragten sowohl als sehr sinnvoll, gemeinnützig und leistungsstark, aber auch als vertrauenswürdig und seriös angesehen wird. Sie wirkt jedoch weniger modern und innovativ und der Firmenauftritt wird als nicht sehr attraktiv empfunden.

Darüber hinaus ergab die Umfrage, dass die Caritas hauptsächlich mit den Bereichen Alten- und Krankenpflege, Betreuung sozial schwacher Menschen sowie weltweiter Katastrophenhilfe in Verbindung gebracht wird. Das übrige Leistungsspektrum der Caritas wurde jedoch nur vereinzelt bzw. so gut wie gar nicht genannt.

Auf die Frage, ob man eine Stiftungsgründung in Erwägung ziehen würde, gemäß dem Fall, dass ein beachtliches Vermögen vorhanden wäre, antworteten 54 % mit nein, 42 % mit ja und 4 % gaben keine Antwort.

Die Mehrheit der befragten Personen, die mit »Ja« geantwortet haben, würden einer Stiftungsgründung zustimmen, weil sie es für sinnvoll halten. Soziales Engagement/Unterstützung von Bedürftigen sowie die Tatsache, dass die Mittel zweckentsprechend eingesetzt werden könnten, wären weitere Gründe für eine Stiftungsgründung.

Als wichtigster Hinderungsgrund einer Stiftungsgründung gilt der Wunsch, das Vermögen dem persönlichen Umfeld (Familie, Gemeinde, Vereine) zukommen zu

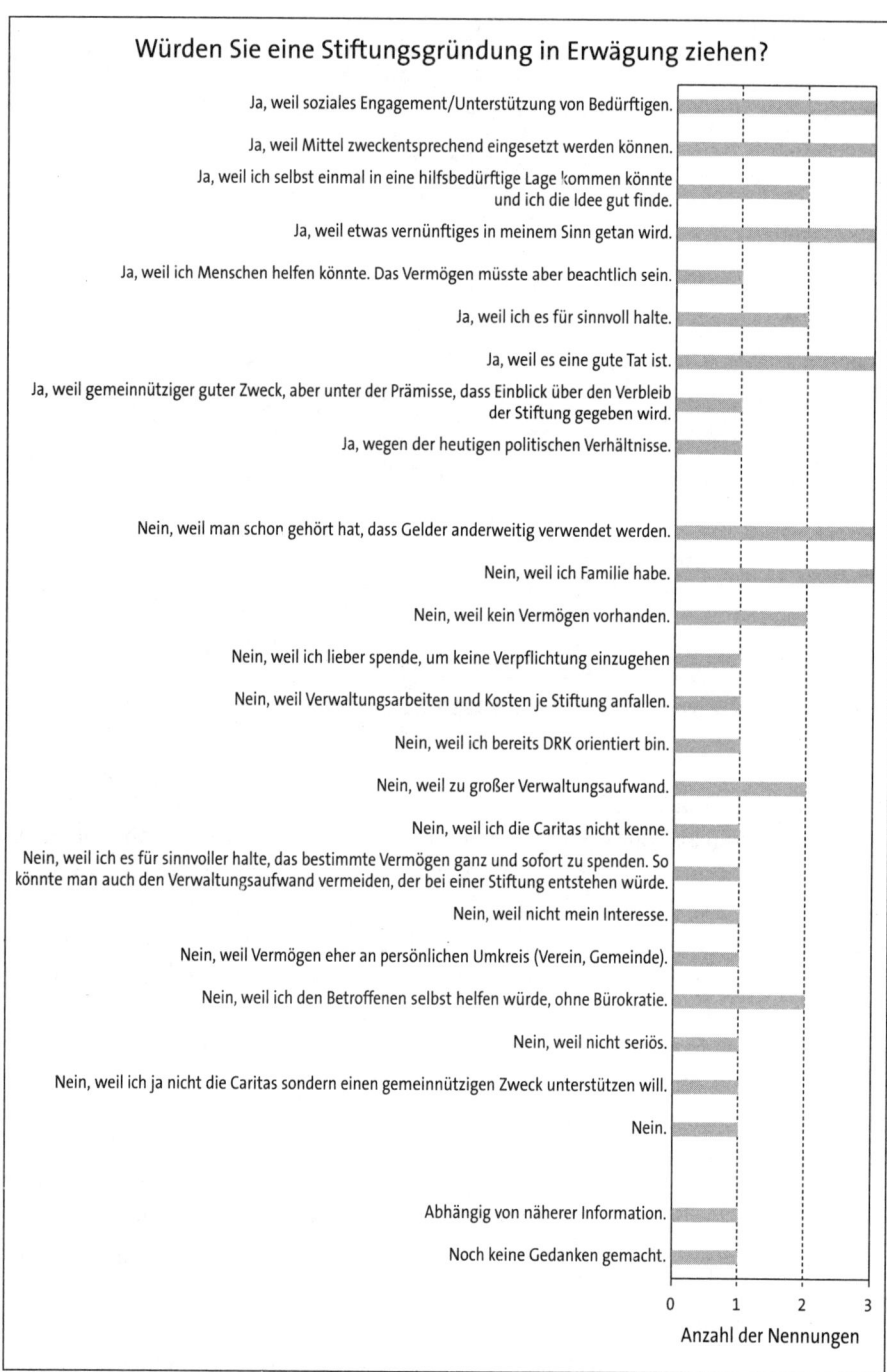

Abbildung 44: Relevanz der Gründung einer eigenen Stiftung

lassen. Mangelndes Vertrauen in die zweckentsprechende Verwendung des Geldes ist ein weiterer, oft genannter Hinderungsgrund.

Die Umfrage ergab, dass die Mehrheit der Befragten (16 Nennungen) einer Namensstiftung zustimmen würden, da sie schließlich auch einen Teil ihres Vermögens gestiftet hätten und sie dies als eine Möglichkeit sehen würden, sich ein persönliches Lebenswerk zu schaffen. 14 Probanden würden es vorziehen, anonym im Hintergrund zu bleiben.

Eine eindeutige Mehrheit von 57 % wäre damit einverstanden, dass zusammen mit ihrer Namensstiftung das Logo der Caritas-Stiftung abgebildet werden würde. Nur 27 % hätten Einwände weil sie z. B. lieber anonym bleiben würden.

Das Resümee der Umfrage lautet: Der hohe Bekanntheitsgrad der Caritas bei den befragten Personen lässt darauf schließen, dass die Marke Caritas in den Köpfen der Bevölkerung fest verankert ist und somit als eine sehr starke Marke angesehen werden kann. Sie wird als sinnvoll, gemeinnützig und leistungsstark sowie vertrauenswürdig und seriös wahrgenommen.

Der Firmenauftritt wird jedoch nicht als modern, innovativ und attraktiv empfunden. In diesem Bereich gibt es folglich noch Verbesserungspotenzial.

Als Haupteinsatzbereiche wurden die Alten- und Krankenpflege, die Betreuung sozial schwacher Menschen sowie die weltweite Katastrophenhilfe genannt. Daraus geht ganz deutlich hervor, dass der Hauptteil der befragten Personen keine genaue Vorstellung von den Tätigkeiten der Caritas hat (die Bandbreite der Tätigkeiten reicht weit über die Nennungen hinaus und wird an späterer Stelle ausführlich beschrieben).

Da mangelndes Vertrauen in die zweckentsprechende Verwendung des Geldes ein oft genannter Hinderungsgrund einer Stiftungsgründung ist, muss mit überzeugenden kommunikativen Maßnahmen Vertrauen hergestellt werden.

Die Ergebnisse der Umfrage sowie aus Archiv-, Online- und Datenbankrecherchen ergeben eine Faktenplattform, auf der die gesamte nachfolgende Konzeptionsarbeit für die Positionierung der NCS aufbaut.

Eine weitere Möglichkeit, die Marke Caritas zu analysieren und die Faktenplattform zu erweitern, stellt das so genannte Eisberg- oder auch Bojenmodell dar.

Eisberg-Modell (Bojenmodell)[210]

Dieses Modell baut darauf auf, dass es bei jeder Marke sichtbare und unsichtbare Eigenschaften gibt. Ähnlich wie bei einem Eisberg ist der sichtbare Teil häufig nur die »Spitze« – der weitaus größere Teil liegt darunter verborgen.

---

210 Vgl. Andresen (1994): Brennpunkt Markenführung, Beitrag beim 2. icon Kongress, S. 1 ff.

Abbildung 45: Die Komponenten des Eisberg-Modells

Das Modell besteht aus den Komponenten Markenimage, Markenbild und Markenguthaben. Aus Markenbild und Markenguthaben ergibt sich das Markenimage einer Marke.

Markenimage = Markenbild + Markenguthaben

- **Markenbild**
Das Markenbild ist das sichtbare Bild, sozusagen die Spitze des Eisbergs, oder der sichtbare Teil der Marke Caritas. Das Markenbild beinhaltet konkrete visuelle Bilder, wie beispielsweise Farben, Logos, Markenslogans, Werbebilder aber auch persönliche Vorstellungen und Gedächtnisbilder.
Die Markenbilder der Marke Caritas sind (Ergebnisse der Umfrage sowie aus Archiv-, Online- und Datenbankrecherchen):
- Die Farbe Rot
- Das weiße Flammenkreuz

- Katholische Kirche
- Dritter Sektor
- Non-Profit-Unternehmen
- Soziales Engagement
- Spendenaufrufe
- Altkleidersammlung
- Schwestern
- Klöster
- Pflegeheime
- Slogan: »Not sehen und handeln. Caritas«
- Kindergärten
- Katastrophenhilfe
- Behinderte Menschen
- Alte und kranke Menschen
- Integration
- Migration
- Familie.

Ein bekanntes und sichtbares Markenbild ist das Logo und der Slogan der Caritas in Deutschland:

Abbildung 46: Logo, Slogan und Kommunikationsmittel der Caritas

- **Markenguthaben**

Das Markenguthaben stellt den unsichtbaren Teil der Marke Caritas dar, also den Teil des Eisberges, der sich unter der Wasseroberfläche befindet. Im Markenguthaben vereinen sich Werte wie Markensympathie, Markenvertrauen und Markenloyalität. Auch Bekanntheit, Einzigartigkeit und Klarheit einer Marke sind wesentliche Elemente des Markenguthabens.

Aus dem sichtbaren Markenbild und dem unsichtbaren Markenguthaben ergibt sich das Markenimage der Caritas in Deutschland (Ergebnisse der Umfrage sowie aus Archiv-, Online- und Datenbankrecherchen):
- Sympathie
- Vertrauen
- Menschen
- Hilfe
- Katholische Kirche
- Zuverlässiger Partner
- Verantwortung
- Glaubwürdigkeit
- Glaube.

Während das sichtbare Markenbild durch entsprechende Änderungen im gestalterischen Auftritt der Marke relativ kurzfristig beeinflusst werden kann (z. B. über die Entwicklung eines neuen Logos oder den Einsatz neuer Unternehmensfarben), ist eine Erweiterung oder Änderung des Markenguthabens (unsichtbares Markenbild) nur längerfristig möglich. Denn Werte wie Vertrauen oder Loyalität bilden sich nur über längere Zeiträume. Sie entstehen erst durch wiederholt gute Erfahrungen mit einer Marke, einem Produkt oder einem Unternehmen.

Um das Markenguthaben rascher positiv zu beeinflussen, kann die Änderung der äußeren Erscheinung unterstützend eingesetzt werden: Ändert sich das Markenbild und wird diese Änderung in der relevanten Öffentlichkeit gut angenommen, so ändert sich auch das Markenguthaben. Diesen Prozess planbar und steuerbar zu machen, ist Aufgabe einer vorausschauenden und strategischen Positionierung.

Damit über die Änderung des sichtbaren Markenbildes eine Änderung des Markenguthabens erfolgen kann, müssen die im Unternehmen verantwortlichen Personen wissen, wie diese Veränderung der bestehenden Marke, oder – wie im Falle der NCS – dessen erste Entwicklung in der relevanten Zielgruppe aufgenommen wird.

Das Zusammenspiel von Markenbild und Markenguthaben, die als Ergebnis das Markenimage bilden, kann auch am Beispiel einer Person veranschaulicht werden. Personen werden aufgrund ihrer äußeren Erscheinung (Markenbild) wie auch ihrer Charaktereigenschaften (Markenguthaben) bewertet oder beschrieben. Wie ist eine Person? Was könnte darauf geantwortet werden? Vielleicht – sie sieht gut aus, oder – sie ist humorvoll? Die Frage war sehr offen gestellt. Um mehr über die Person in Erfahrung zu bringen, stellen wir konkretere Fragen, wie beispielsweise – was zeichnet die Person besonders aus? Welche positiven, welche negativen Eigenschaften hat die Person? Man geht der Sache sozusagen auf den Grund – oder auf den Kern. Um die Marke Caritas besser einschätzen zu können, werden nun folgende Fragen gestellt:

Markenkernwert – Wie ist die Caritas?

Im Markenkern werden Leistung und Angebot des Unternehmens, dessen Handlungsgrundsätze sowie das Auftreten in der Öffentlichkeit zusammengefasst. Wie in Teil II beschrieben, ist der Markenkern die Summe der inneren Werte der Marke. Diese lassen sich in »ästhetisch/kulturelle«, »sachlich/funktionale«, »emotionale« und »ethisch/ideelle« Ausprägungen einteilen.

Diese Ausprägungen sind von Marke zu Marke unterschiedlich stark gewichtet. Die mit Hilfe der eigenen Recherchen ermittelten Kernwerte der Caritas werden mit Hilfe einer Grafik (Kernwertemodell) vorgestellt. Dabei werden die einzelnen Assoziationen, die mit der Marke Caritas in Verbindung gebracht werden, den verschiedenen Ausprägungen zugeordnet.

Aus den Markenkernwerten werden so genannte Nutzenargumente (Benefits) für das Unternehmen sowie die Tonalität und Argumente zugunsten von Produkten oder Dienstleistungen (Reason Why) eines Unternehmens abgeleitet. Daraus ergibt sich die Gesamtleistung einer Marke.

ästhetisch/ kulturell			sachlich/ funktional
	Jahresthemen, Politische Stellungnahmen, Anwältin der Gesellschaft	Leistung, Qualität, Nutzen, Hilfe	
	Not lindern, Not sehen und handeln, Glück, Liebe, Vertrauen schenken	Verantwortung, Sinn, Vision, Tradition, Christlichkeit, Leitmotiv, Glaubwürdigkeit	
emotional			ethisch/ideell

Abbildung 47: Markenkernwerte-Modell der Caritas (eigene Darstellung)

Marken-Leistung – Was leistet die Caritas?

Der Deutsche Caritasverband widmet sich zusammen mit seinen Mitgliedern vielfältigen Aufgaben.[211] Dazu gehören die Hilfe und die Unterstützung für Menschen in Not, die Übernahme der Anwaltschaft für gesellschaftlich Benachteiligte und der damit verbundenen Chancengerechtigkeit für alle Menschen in unserer Gesellschaft. Die Förderung des sozialen Bewusstseins in der Gesellschaft ebenso wie die Mitgestaltung der Sozial- und Gesellschaftspolitik, insbesondere durch die Übernahme von Mitverantwortung für die Entwicklung bedarfsgerechter sozialer Infrastrukturen. Die Mitwirkung an der Versorgung der Bevölkerung im Gesundheits-, Sozial-, Erziehungs-, Bildungs- und Beschäftigungsbereich gehören genauso zu den Aufgaben wie die Verwirklichung des karitativen Auftrags durch die Ausübung der Trägerschaft von Diensten und Einrichtungen in den Aufgabenbereichen sozialer und karitativer Hilfen.

Benefit/Reason Why – Was bietet die Caritas?

Benefit oder Reason Why stellen so genannte Nutzenargumente einer Marke dar, d. h. sie sollen die Zielgruppen überzeugen, sich zugunsten der einen Marke gegenüber einer anderen Marke zu entscheiden. Für die NCS gilt es, diese Nutzenargumente zu kennen und zu benennen. Sie helfen letztlich dabei, die gesetzten Ziele besser zu erreichen, beispielsweise dadurch, dass sie die NCS von einer vergleichbaren Stifterplattform (einem Konkurrenten) positiv abheben und potentielle Stifterinnen und Stifter veranlassen, die geplante Treuhandstiftung unter dem Dach der NCS und nicht unter dem Dach eines Wettbewerbers zu gründen. Die besonderen Nutzenargumente, die für die NCS sprechen, sind sicherlich die langjährige Erfahrung und Kompetenz der Marke Caritas, ihre nachhaltig unter Beweis gestellte Verantwortungsübernahme für die Gesellschaft sowie die vielfältig angebotenen Hilfeleistungen für Menschen in Not. Darüber hinaus vermittelt die Caritas potentiellen Stifterinnen und Stiftern als einer der größten deutschen Wohlfahrtsverbände ein Gefühl von Sicherheit und Vertrauen.

Aus dem Markenimage (Markenbild + Markenguthaben) und den Markenkernwerten der Marke/des Unternehmens Caritas wird nachfolgend deren Positionierung entwickelt.

Positionierung

Wie bereits in Teil II ausführlich behandelt, sowie im Rahmen des vorliegenden Kapitels angedeutet, beschreibt die Positionierung unverwechselbare Stärken und Qualitäten, durch die sich die Marke Caritas klar von anderen Marken abhe-

---

211 Vgl. Satzung des Deutschen Caritasverbandes e.V. (2003).

ben soll. Ziel der Positionierung ist ferner die Schaffung einer Marke oder eines Produktes, das den Vorstellungen der Zielgruppen (hier Stifterinnen und Stiftern) entspricht. Es soll quasi den Vorstellungen eines idealen Produktes sehr nahe kommen, bestenfalls voll und ganz diesen Vorstellungen entsprechen.

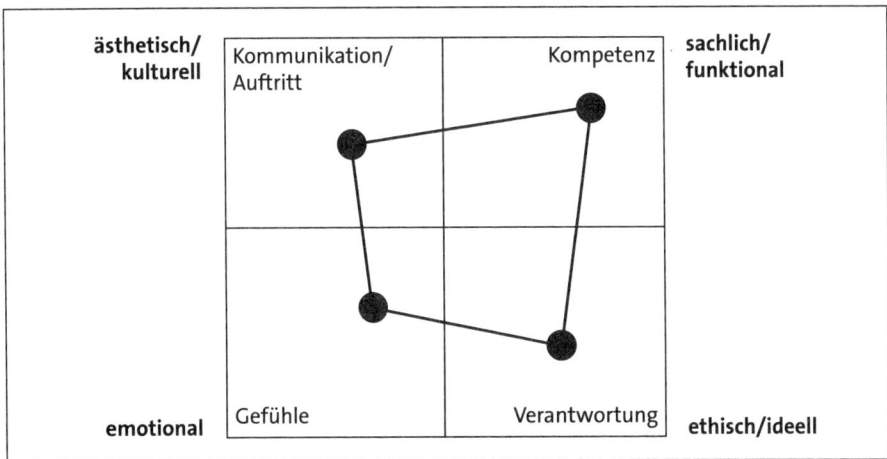

Abbildung 48: Positionierungsprofil der Caritas in Deutschland

Im Rasterkreuz des Positionierungsmodells wird das Positionierungsprofil der Marke Caritas abgebildet. Dabei werden die einzelnen Ausprägungen der Kernwerte durch Punkte sichtbar gemacht. Bei einer schwachen Ausprägung wird der Punkt nahe der Mitte des Rasterkreuzes eingetragen, bei einer starken Ausprägung sitzt der Punkt nahe den äußeren Rändern der einzelnen Felder. Die Festlegung der einzelnen Punkte im Rasterkreuz sowie deren Verbindung ergibt somit die grafische Darstellung der Ist-Positionierung. Je näher sich die Punkte in den einzelnen Feldern am äußeren Rand befinden, desto eher entspricht die Marke in dieser Eigenschaft also einer idealen Marke.

Die Marke Caritas besitzt Stärken im Bereich der sachlich/funktionalen und der ethisch/ideellen Ebene: Die Caritas übernimmt Verantwortung gegenüber der Gesellschaft, sie versteht sich als Anwältin der Menschen, unabhängig von deren konfessioneller Herkunft. Sie tritt für diese Menschen ein, sowohl aktiv durch konkrete Hilfeangebote als auch durch ihr politisches Engagement, insbesondere zugunsten sozial schwächer gestellter Bürgerinnen und Bürger.

Innerhalb der ästhetisch/kulturellen und der emotionalen Ebene konnten Schwächen festgestellt werden. Die Marke präsentiert sich selten in einer einheitlichen grafischen Gestaltung, d. h. innerhalb von Informationsmitteln wie Broschüren oder Flyern, Handzetteln oder Plakaten kommen unterschiedliche Farbgebungen und Schriftformen zum Einsatz. Das Logo wird an unterschiedlicher Stelle platziert und teilweise gibt es gar verschiedene Slogans. Darüber hinaus werden nur selten die Chancen einer stärkeren emotionalen Darstellung und somit Positionierung der eigenen Arbeit genutzt. Häufig überwiegt das geschriebene Wort gegenüber der für eine emotionale Positionierung so wertvollen Bildsprache.

Ergebnisse der Unternehmens- und Markenanalyse

Bei der Positionierung der neuen Caritas-Stiftung soll innerhalb der sachlich/funktionalen und der ethisch/ideellen Ebene ein Beispiel an der Marke Caritas genommen werden. Darüber hinaus wird bei der Positionierung ein besonderer Schwerpunkt auf den öffentlichen Auftritt der Stiftung, die Kommunikationsleistung und die emotionale Ansprache von Stifterinnen und Stiftern gesetzt. Der Auftritt soll positiv und motivierend in die Zielgruppen hinein wirken.

Die Marke Caritas – Zusammenfassung

Die Caritas in Deutschland vereint neben dem Deutschen Caritasverband mit Sitz in Freiburg insgesamt 27 Diözesancaritasverbände und zahlreiche weitere selbstständige Träger sowie Institutionen. Trotz der zahlreichen eigenständigen Einrichtungen wird die Caritas in der Öffentlichkeit als ein Unternehmen oder auch eine Marke gesehen. Dabei genießt die Caritas einen hohen Bekanntheitsgrad (91 %) in der Öffentlichkeit. Sie wird als kompetentes und ethisch verantwortlich handelndes Unternehmen wahrgenommen. Allerdings ist in der Öffentlichkeit das breite Spektrum der Dienstleistungen der Caritas weniger bekannt.

1.2 Umfeldanalyse

Als Unternehmensumfeld bezeichnet man den äußeren Bezugsrahmen eines Unternehmens. In einem zunächst außerbetrieblichen Kontext werden unternehmensrelevante Sachverhalte untersucht. Eine beliebte Methode, diese außerbetrieblichen Sachverhalte abzubilden, ist die PEST-Analyse. Innerhalb dieser Analyse erfolgt eine Unterscheidung in politische, ökonomische, soziale und technologische Sachverhalte.

- **Politische Einflussfaktoren**
  Zu den politischen Einflussfaktoren der Caritas zählt beispielsweise das deutsche Kirchensteuersystem. Dies ist, parteipolitisch gesehen, nahezu unumstritten. Trotz knapper Hinweise in Wahlprogrammen der FDP wie auch von

BÜNDNIS 90/Die Grünen, fordern nur kleine Gruppierungen innerhalb dieser Parteien wirklich die Abschaffung des staatlichen Einzugs der Kirchensteuer. Lediglich die PDS fordert die Streichung des verfassungsmäßigen Rechtes, Kirchensteuern erheben zu dürfen.[212] Betreffend der neuen Caritas-Stiftung spielen insbesondere die gesetzlichen Rahmenbedingungen für das Stiftungswesen in Deutschland eine Rolle, denn die gültigen Stiftungsgesetze sind auch für die NCS verbindlich und somit bei allen Formen der Beteiligung durch Stifterinnen und Stifter zu befolgen.

- **Ökonomische Einflussfaktoren**
Die Höhe der Kirchensteuereinkünfte und damit die Höhe der finanziellen Mittel für Organisationen wie die Caritas wird infolge ihrer Anbindung an die Lohn- und Einkommenssteuer auch durch wirtschaftliche Faktoren beeinflusst. Die Höhe der Lohn- und Einkommenssteuer ist abhängig von der Konjunktur, vom Ausgang von Tarifverhandlungen und vom Umfang der Beschäftigung/Arbeitslosigkeit. Daher schwankt das Kirchensteueraufkommen in entsprechender Weise. Darüber hinaus bewegen sich die Kirchenaustrittszahlen, trotz eines leichten Rückgangs in den letzten Jahren, auf einem hohen Niveau: Im Jahr 2003 gab es 177.162 Kirchenaustritte in der evangelischen Kirche und 129.598 Austritte in der katholischen Kirche. Im Vergleich zum Jahr 2002 ist in beiden Kirchen eine leichte Zunahme zu erkennen. Die zahlenmäßigen Verluste und die damit verbundenen Steuerverluste werden insgesamt als gravierend angesehen.[213]

- **Soziale Einflussfaktoren**
Zu den sozialen Einflussfaktoren zählt beispielsweise die anhaltend hohe Arbeitslosigkeit in Deutschland. So gab es im Jahr 2003 (also im Jahr der Stiftungsgründung) 4,4 Millionen Arbeitslose, was einer Arbeitslosenquote von 11,6 %, bezogen auf alle zivilen Erwerbspersonen, entsprach. Diese hohe Arbeitslosigkeit hält auch bis heute noch an. Im Mai 2006 waren 4,5 Millionen Deutsche arbeitslos, was einer Arbeitslosenquote von 10,8 % entspricht (wiederum bezogen auf alle zivilen Erwerbspersonen).[214]
Als ein weiterer sozialer Einflussfaktor kann das sinkende durchschnittliche Einkommensniveau identifiziert werden. So sind auf der einen Seite die Arbeitnehmereinkommen in den Jahren 1991 bis 2004 zwar brutto um 34,6 % und

---

212 Vgl. o.V. http://www.kirchensteuern.de/tafel2.htm, Zugriff am 24.04.06.
213 Vgl. Kirchenamt der EKD, Referat Statistik; Deutsche Bischofskonferenz, Referat Statistik, online unter: http://www.kirchenaustritt.de/statistik, Zugriff am 24.04.06.
214 vgl. Statistisches Bundesamt.

netto um 27,7 % gestiegen. Berücksichtigt man jedoch die Preissteigerungsraten, um die Kaufkraft zu ermitteln, dann zeigt sich, dass die realen Nettolöhne und -gehälter in den zurückliegenden 13 Jahren gesunken sind. So lag das Nettorealeinkommen im Jahr 2004 nur bei 98,5 % des Niveaus von 1991.[215]

- **Technologische Einflussfaktoren**
  Technologische Einflussfaktoren spielen für die Caritas und insbesondere für die Gründung der neuen Caritas-Stiftung eine zu vernachlässigende Rolle.

1.3 Analyse des Stiftungsmarktes

Die Marktanalyse dient dazu, den jeweils relevanten Markt so objektiv und umfassend wie möglich kennen zu lernen. Dabei kommt es insbesondere auf eine klare Ab- oder Eingrenzung des jeweils relevanten Marktes sowie auf die Festlegung der bestimmbaren Wettbewerbsdeterminanten innerhalb dieses Marktes an. Im Falle der neuen Caritas-Stiftung werden die Rechtsperson Stiftung und der Stiftungsmarkt in Deutschland näher untersucht. Wie bereits in Teil II beschrieben, erfolgt die Marktabgrenzung in räumlicher, zeitlicher sowie sachlicher Hinsicht.

Rechtsperson Stiftung und Stiftungsumfeld

Was ist eine Stiftung? Juristisch handelt es sich bei einer Stiftung um eine Einrichtung, die mit Hilfe eines Vermögens einen vom Stifter bestimmten Zweck verfolgen soll. Dies kann sie sowohl als eigene Rechtsperson tun (rechtsfähige Stiftung oder Stiftung bürgerlichen Rechts), als auch in Trägerschaft eines Treuhänders (nichtrechtsfähige oder fiduziarische Stiftung). Im Unterschied zu einer Körperschaft, die durch ihre mitgliedschaftliche Struktur geprägt ist, und zu einer Anstalt, die Benutzer hat, haben rechtsfähige Stiftungen lediglich Begünstigte, so genannte Destinatäre. Steuerrechtlich gelten die meisten Stiftungen als Steuersubjekt und unterliegen damit unter anderem der Körperschaftssteuer, wenn sie nicht als gemeinnützige Stiftungen davon befreit sind. Stiftungen können zu jedem legalen Zweck errichtet werden, der das Gemeinwohl nicht gefährdet.[216]

Im Rahmen eines Stiftungsgeschäfts erklärt ein Stifter seinen Willen, dass eine bestimmte Vermögensmasse zur Erfüllung eines bestimmten Zwecks dauerhaft

---

215 ebenda.
216 Vgl. Hof; Hartmann; Richter (2004): Stiftungen. Errichtung – Gestaltung – Geschäftstätigkeit, S. 7–18.

zur Verfügung gestellt wird und die Stiftung mit einer entsprechenden, dem Stiftungszweck angemessenen, Organisation ausgestattet wird.[217]

Wer kann eine Stiftung errichten? Jede Person, die ihre Vermögenswerte oder einen Teil davon langfristig einem bestimmten, gemeinnützigen Zweck widmen möchte. Stifter sind Personen, die aus ihrem erworbenen Vermögen eine Verpflichtung für die Gemeinschaft ableiten. Dies zeigt auch die Erkenntnis von Henry Ford I.: »Der oberste Zweck des Kapitals ist nicht, mehr Geld zu beschaffen, sondern zu bewirken, dass das Geld sich in den Dienst der Verbesserung des Lebens stellt.«

Der Bundesverband Deutscher Stiftungen zählte im Jahr 2000 9.663 existierende Stiftungen bürgerlichen Rechts in Deutschland. Allein im Jahr 2003 wurden bundesweit insgesamt 784 neue Stiftungen errichtet.[218]

Darüber hinaus sind rund 100.000 Kirchen- und Kirchenpfründestiftungen in dieser Erhebung des Bundesverbands Deutscher Stiftungen gar nicht erfasst.[219]

Stiftungen im Meinungsbild der Bevölkerung

Das Zentralinstitut für kirchliche Stiftungen (zks) in Mainz/Wiesbaden hat im Jahr 2000 die erste, wissenschaftlich gesicherte Studie einer repräsentativen, bundesweiten Bevölkerungsumfrage über Kenntnisse, Einstellungen und Bewertungen zum Thema »Gemeinnützige Stiftungen« in Auftrag gegeben. Durchgeführt wurde diese Repräsentativ-Erhebung vom Institut für Markt- und Politikforschung »dimap« in Bonn.

Nachfolgend werden die für die vorliegende Arbeit relevanten Ergebnisse vorgestellt:[220]

Alle, die sich in Politik, Kirche und Gesellschaft für eine Dynamisierung und Entwicklung des gemeinwohlorientierten Stiftungsgedankens engagieren, sollten wissen: Sie werden in ihrem Bemühen von gut vier Fünftel der Bevölkerung, egal ob jung oder alt, unterstützt. Ein allgemeines Bewusstsein für den Wert gemeinnütziger Stiftungen muss in Deutschland nicht erst geschaffen werden – es ist bereits vorhanden. Besonders Stiftungen mit christlich humanitärer Werteprägung ihres Stiftungszweckes stoßen auf eine ausgesprochen positive Resonanz.

82 % der Befragten empfinden es als richtig, dass private Stiftungen Gemeinwohlverantwortung übernehmen. Diese Zustimmung (bis zu 94 %) wächst mit

---

217 Vgl. Martin; Wiedemeier (2003): Die besten Stiftungszwecke. 75 Ideen für soziale, ökologische und kulturelle Stiftungen, S. 12 f.
218 Bundesverband Deutscher Stiftungen, 2000.
219 Vgl. Röder (2000), S. 51 f.
220 Vgl. Zentralinstitut für kirchliche Stiftungen (2000): Gemeinnützige Stiftungen 2000, Repräsentativerhebung im Bundesgebiet.

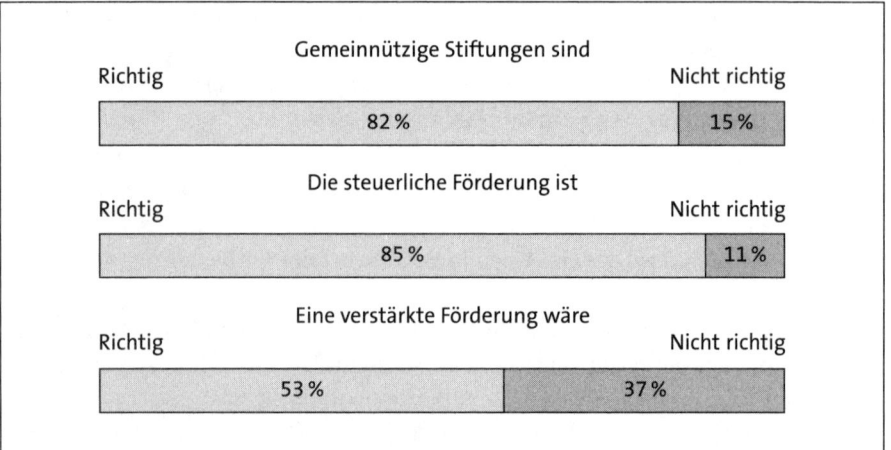

Abbildung 49: Meinungen zu gemeinnützigen Stiftungen[221]

qualifiziertem Bildungsabschluss und höherem Haushaltseinkommen. Wichtig dabei ist, dass auch die jüngere Generation (bis 34 Jahre) gegenüber Sinn und Ziel von Stiftungen außerordentlich positiv eingestellt ist. Hier liegt ein wertvolles Potenzial, welches in Zukunft bei der Entwicklung der Stiftungslandschaft in Deutschland eine Rolle spielen wird.

Diese Tatsache sollte auch in der Marketing- und Kommunikationsarbeit der neuen Caritas-Stiftung berücksichtigt werden, d. h. bei der Zielgruppenansprache sollen sich auch jüngere Menschen angesprochen fühlen.

Trotz der positiven Einstellung der Bevölkerung sind Stiftungen nur wenig bekannt. Jeder Zweite der Befragten konnte keine konkrete Stiftung namentlich nennen. 47 % der Befragten wissen nichts von der generellen Möglichkeit, selbst eine Stiftung gründen zu können. Auch bei den akademisch Ausgebildeten wissen immer noch 32 % nichts von der Möglichkeit, eine eigene Stiftung gründen zu können. Einmal darüber informiert, begrüßen 92 % die Möglichkeit der persönlichen Stiftungsgründung. Diese Zahlen zeigen auf, dass sich Stiftungen einer durchaus positiven Grundhaltung in der Bevölkerung erfreuen, allerdings verdeutlichen sie auch, dass nur wenige der befragten Personen über individuelle Möglichkeiten des Stiftungsengagements informiert sind. Hier ist ein großer Aufklärungsbedarf vorhanden.

Mit diesem »Informationsdefizit« wird sich auch die NCS konfrontiert sehen, welche privates Stiften zu einer zukunftsträchtigen Gestaltoption und Beteiligungsform der Bevölkerung für karitative Aufgaben machen will. Dies muss demnach

---

221 ebenda.

bei der Planung der Marketing- und Kommunikationsmaßnahmen der neuen Caritas-Stiftung berücksichtigt werden.

So erfreulich der weit verbreitete positive Stellenwert von Stiftungen im bürgerlichen Bewusstsein auch ist – die Zahlen sinken deutlich, wenn es darum geht, stifterische Freiheit und Verantwortung konkret werden zu lassen. Nur gut ein Drittel (bei Befragten mit höherem Einkommen 39 %, bei Älteren 45 %) hält es für sinnvoll, privates Vermögen nicht an Erben weiterzugeben, sondern in gemeinnützige Stiftungen zu investieren.

Eine »moralische Pflicht« für Besitzer größerer Vermögen, einen Teil davon für Gemeinnützigkeit zur Verfügung zu stellen, wird von einer knappen Mehrheit (51 %) bejaht (ältere Generationen 57 %, akademisch Ausgebildete 56 %). 45 % verneinen eine derartige Verantwortung. Konfessionszugehörigkeit spielt dabei keine Rolle. Bei den stifterischen Motiven geben die Bundesbürger mit 74 % an, für andere Menschen Gutes tun zu wollen, gefolgt von dem Bestreben, Steuern zu sparen (56 %). Der Gedanke an Verantwortung für die Gesellschaft tritt demgegenüber in den Hintergrund. Interessant ist auch, dass diejenigen, die sich vorstellen können, selbst eine Stiftung ins Leben zu rufen, im Wesentlichen die gleichen Motivationsgründe benennen wie der Durchschnitt.

In Deutschland ist ein großes Stifterpotenzial vorhanden. 37 % der Bevölkerung, eine in die Millionen gehende Zahl von Menschen, bekunden ihre Bereitschaft, einmal allein (10 %) oder zusammen mit anderen (27 %) eine Stiftung zu errichten. Die Perspektive, dem Gedanken die Tat folgen zu lassen, erscheint den Angehörigen höherer sozialer Schichten (44 %) und oberer Einkommensschichten (55 %) nahe liegender als anderen Bevölkerungsgruppen.

Gibt man dem Stifterpotenzial die Möglichkeit vor, fremden Stiftungen einen Teil des eigenen Vermögens zukommen zu lassen, werden die Werte eher schwächer (rund 27 %).

Mit Blick auf den Zeitpunkt der Gründung einer Stiftung überwiegt bei weitem die Meinung, dass eine Gründung zu Lebzeiten einer Gründung durch Testament oder Erbvertrag vorzuziehen sei (69 %). Die Gründung zu Lebzeiten wird insbesondere von den oberen Einkommensgruppen und den akademisch gebildeten Bürgern mit rund 75 % bevorzugt.

Bei den Gegenstandsfeldern der Stiftungszwecke, die man mit der eigenen Stiftung fördern möchte, werden mit Abstand am häufigsten die Kinder-, Jugend- und Familienarbeit genannt (56 %).

Stiftungen stehen in einem sehr intransparenten Konkurrenzumfeld. Darin besteht insbesondere für neue Stiftungen generell die Gefahr, in diesem unübersichtlichen Stiftungsumfeld »unterzugehen«. Für die NCS besteht jedoch auch die Chance, sich insbesondere über ihre »Dachmarke«, die Caritas, von anderen Stiftungen abzuheben. Gerade die Ergebnisse aus den Umfragen hierzu weisen da-

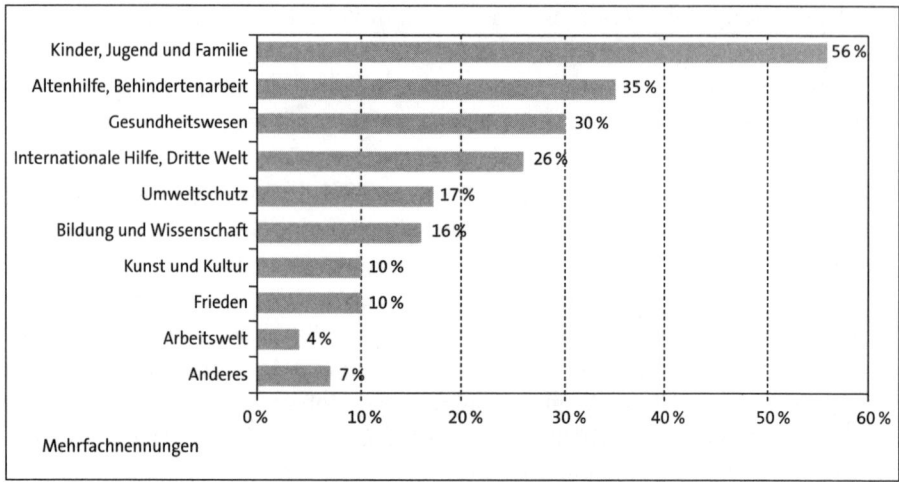

Abbildung 50: Gewünschter Bereich für eine eigene Stiftung[222]

rauf hin, dass insbesondere gemeinnützig-kirchliche Stiftungen aus privater Gründung auf eine generelle Zustimmung in der Bevölkerung treffen. Des Weiteren stehen auch junge Menschen einer Stiftungsgründung positiv gegenüber. Diese Tatsachen werden bei der Planung konkreter Marketing- und Kommunikationsmaßnahmen für die NCS eine wichtige Rolle spielen. Die Analyse des Stiftungsumfeldes hat allerdings auch ergeben, dass Stiftungen und Möglichkeiten des Stiftungswesens generell wenig bekannt sind, ebenso wie die Möglichkeit, eine eigene Stiftung gründen zu können. Diese Ergebnisse könnten dazu führen, dass vor der eigentlichen Bewerbung der Stiftungsgründung zuerst eine Information und Darstellung des Stiftungswesens generell erfolgen müsste, um erfolgreich um Stifterinnen und Stifter zu werben.

1.4 Wettbewerbsanalyse

Jedes Unternehmen agiert in einem Gefüge aus Lieferanten, Abnehmern, Substituten, bestehenden Wettbewerbern und neuen Marktteilnehmern. Dynamik und Intensität des Wettbewerbs wachsen mit der Anzahl der Wettbewerber, d. h. der Anzahl von Anbietern gleicher oder vergleichbarer Produkte. Eine umfassende Wettbewerbsanalyse setzt eine umfassende Kenntnis sowie eine hohe Transpa-

---

222   ebenda.

renz des eigenen Marktes und seiner Marktteilnehmer voraus, d. h. die Wettbewerber müssen auch recherchierbar sein.

In Teil II wurde bereits in direkte und indirekte Wettbewerber unterschieden. Innerhalb der Analyse des Stiftungsmarktes in Teil III, Kapitel 1.3 wurde der Stiftungsmarkt skizziert. Bei der Wettbewerbsanalyse für die NCS wurde nach Anbietern gesucht, die innerhalb der Gebietsgrenzen der neuen Caritas-Stiftung (Diözese Rottenburg-Stuttgart, von den Gemarkungsgrenzen entspricht das Gebiet dem Teil Württemberg von Baden-Württemberg) tätig sind. Dabei konnten zahlreiche indirekte Wettbewerber ermittelt werden. Es handelt sich größtenteils um bestehende gemeinnützige und mildtätige Stiftungen, die ihrerseits um materielle oder immaterielle Unterstützung werben. Darüber hinaus wurden in gemeinnützigen Organisationen, die ihrerseits die Gründung von Treuhandstiftungen unter ihrem Dach anbieten, weitere indirekte Wettbewerber ermittelt. Allerdings konnten keine direkten Wettbewerber gefunden werden, d. h. Wettbewerber die ein in nahezu allen Belangen vergleichbares Angebot anbieten.

Die Tatsache, keinen direkten Wettbewerber vorzufinden, lässt jedoch noch keinerlei Prognose für den zu erwartenden Erfolg der NCS zu. Unter Umständen hat diese Tatsache konkrete Gründe, beispielsweise, dass das Angebot bei den potentiellen Zielgruppen keinen Anklang findet und andere gemeinnützige Organisationen dies bereits feststellten. Umso mehr gilt es, ein Marketing- und Kommunikationskonzept für die NCS zu entwickeln, mit dem es ihr gelingt, die relevante Zielgruppe auf das außergewöhnliche Angebot der Stiftung positiv aufmerksam zu machen. Um welche Zielgruppen es sich dabei handelt, zeigt die nun folgende Analyse der Zielgruppe.

1.5 Zielgruppenanalyse

Die Zielgruppenanalyse erfolgt nach demografischen, geografischen sowie psychografischen Kriterien und Verhaltensmustern: In der Zielgruppenanalyse wird die Einteilung des räumlichen Zielgebietes (Geografie) sowie die Einteilung der Zielpersonen in Gruppen nach Alter, Geschlecht, Familienstand, Einkommen, Haushaltsgröße, Kinderanzahl oder auch Bildungsstand (Demografie) vorgenommen. Die Identifikation bestimmter Merkmale wie beispielsweise Verhaltensweisen der Zielgruppen gegenüber werblichen Maßnahmen (Verhaltensmuster) sollen dabei helfen, das Zielgruppenverhalten prognostizierbar zu machen.

Je mehr Informationen über die anvisierten Zielgruppen vorliegen, desto eher kann es gelingen, werbliche Maßnahmen zu entwickeln, die diese Zielgruppen ansprechen und dazu veranlassen, das Angebot der NCS anzunehmen. Als Kernzielgruppe der NCS werden von den Verantwortlichen der NCS in erster Linie ältere Personen mit einem entsprechenden gesellschaftlichen und finanziellen Hintergrund gesehen. Aus diesem Grund erfolgt nachfolgend die Analyse der Zielgruppe »60plus« – also Personen, die älter als 60 Jahre sind. Daraus sollen wertvolle Erkenntnisse für eine geeignete Zielgruppenansprache gewonnen werden.

- **Demografie**
  Die Altersstruktur in Deutschland verändert sich und wird sich in den kommenden Jahren weiterhin drastisch verlagern. Lag der Anteil der 60-Jährigen im Jahr 2001 noch bei 24,1 %, so wird er 2020 bereits 29,9 % und 2050 36,7 % betragen. Im Jahr 2050 wird also bereits jeder Dritte über 60 Jahre alt sein. Der Anteil der über 70-Jährigen wird bis zum Jahr 2020 um 4,8 Millionen steigen und bis zum Jahr 2050 um weitere 6,4 Millionen. Dies bedeutet einen prozentualen Zuwachs bis zum Jahr 2020 innerhalb dieser Altergruppe um 170 % bei den 80–85-Jährigen und im Zeitraum 2020–2050 einen Zuwachs um rund 160 % bei den 90-Jährigen und Älteren.[223]
  Betrachtet man die Bevölkerungsentwicklung in Deutschland, so wird deutlich, dass sich der Anteil der über 60-Jährigen an der Gesamtbevölkerung bis im Jahr 2015 auf ca. 24,3 % erhöhen wird. Ein besonders starker Zuwachs zeigt sich bei der Zahl der über 80-Jährigen, der 2015 bei ca. 850.000 Menschen liegen wird. Der Anteil der Gruppe der über 50-Jährigen an der Gesamtbevölkerung liegt heute bereits bei fast 35 % und wird ebenfalls weiter steigen.[224]
  Das Statistische Landesamt Baden-Württemberg prognostiziert, dass im Jahr 2050 30 % der Bevölkerung in Baden-Württemberg zwischen 60 und 85 Jahren alt sein wird und immerhin 7 % über 85 Jahre.[225]

- **Geografie**
  Geografisch gesehen soll die Zielgruppe der neuen Caritas-Stiftung in erster Linie im regionalen Verantwortungsbereich der Diözese Rottenburg-Stuttgart angesprochen werden. Weiter gefasst sollen potentielle Stifterinnen und Stifter in Baden-Württemberg, aber auch im Süddeutschen Raum angesprochen werden.

- **Psychografie**
  In der psychografischen Segmentierung sind Einstellungen, Motive, Kaufabsichten sowie Lebensstile von Zielgruppen zusammengefasst. Sie lassen Rückschlüsse auf mögliche Reaktionen (Kauf, Zustimmung) der angesprochenen Personen zu.

---

223 Vgl. Fachhochschule Heilbronn (2004): Der Seniorenmarkt und seine Veränderungen.
224 ebenda.
225 Vgl. Statistisches Landesamt Baden-Württemberg (2004): Was Sie schon immer mal wissen sollten ... Baden Württemberg – ein Portrait in Zahlen.

Die vorliegenden Daten über die Einkommensverhältnisse und das Kapitalvermögen der über 60-Jährigen in Deutschland zeigen ein verfügbares Vermögen auf Rekordniveau. So schätzen 60 % der 60–69-Jährigen ihre wirtschaftliche Lage als gut bis sehr gut ein. Diese positive Grundeinstellung spiegelt sich auch im Konsumverhalten dieser Personen wider. Über ein Drittel der heute 60–69-Jährigen genießt lieber das Leben, anstatt zu sparen. 35,3 % probieren gerne etwas Neues aus. Besonders gerne geben heutige Mittsechziger Geld für Neuwagen, Reisen, Gesundheit und Kosmetik aus (18,5 %). In der Zielgruppe »60plus« sehen die Verantwortlichen der NCS ihre Kernzielgruppe. Auf diese Kernzielgruppe sollen die werblichen Maßnahmen ausgerichtet werden. Es gilt eine Zielgruppenansprache zu entwickeln, von der sich dieser Personenkreis, auch unabhängig der jeweiligen Konfession, mobilisieren lässt. Entsprechend der festgestellten Verhaltensmuster in dieser Zielgruppe soll die Zielgruppenansprache wertorientiert, authentisch sowie qualitativ hochwertig erfolgen.

Ergebnisse der Zielgruppenanalyse

Die engere Zielgruppe der NCS besteht sowohl aus Frauen als auch aus Männern im Alter von 60plus. Nimmt man Bezug auf das so genannte Sinusmodell, in welchem Gesellschaften auf der Grundlage von Wertorientierungen und Lebensstilen segmentiert werden, findet man sie im konservativen gehobenen Milieu, im technokratisch-liberalen Milieu, im alternativen linken Milieu und im hedonistischen Milieu.[226]
Wir definieren die Zielgruppe als großzügige und ausgeprägte Persönlichkeiten, die sich mit zunehmendem Alter die Frage nach dem Sinn des Lebens stellen. Sie führen einen gehobenen Lebensstil und verfügen über ein ausgeprägtes soziales Engagement.

---

2   Anwendungsschritt 2: Die Situationsbewertung – SWOT-Analyse

Nachfolgend werden die ermittelten Stärken, Schwächen, Chancen und Risiken der NCS dargestellt. Gemeinsam ergeben sie die SWOT-Analyse (Strengths, Weaknesses, Opportunities und Threats). Stärken und Schwächen werden überwiegend aus den Ergebnissen der Analyse der NCS gewonnen. Umfeld-, Markt-, Wettbewerbs- sowie Zielgruppenanalyse führen eher zur Identifikation potentieller Chancen und Risiken.

---

226   Vgl. o.V. http://www.sinus-sociovision.de, Zugriff am 26.04.06.

Stärken Caritas

Mit einem Markenbekanntheitsgrad von 91 % ist die Marke Caritas dem Großteil der deutschen Bevölkerung ein Begriff. Darüber hinaus wird die Caritas in Deutschland in der Öffentlichkeit als kompetente und ethisch verantwortungsvolle Spendenorganisationen wahrgenommen. Das Angebot, unter dem Dach der NCS gemeinwohlorientierte und soziale Stiftungen zu gründen, passt somit sehr gut in das Gesamtbild des Unternehmens Caritas. Es wird dadurch als authentisches und glaubwürdiges Angebot wahrgenommen. Diese ermittelte Stärke wird dabei helfen, sich gegenüber direkten oder indirekten Wettbewerbern Vorteile bei der Zielgruppenansprache und -gewinnung zu verschaffen. Die Hilfen der Caritas erstrecken sich über die deutschen Grenzen hinweg. Dabei sammelt die Caritas als Organisation wertvolle Erfahrungen in der Lösung unterschiedlicher sozialer Problemstellungen. Besonders für das Gewinnen potentieller Stifterinnen und Stifter, die sich mit einer Stiftungsgründung zugunsten von Menschen in Entwicklungsländern engagieren möchten, kann die langjährig gesammelte Erfahrung der Caritas behilflich sein. Eine weitere Stärke der Caritas liegt in der Qualität ihrer Arbeit, welche durch stetige Angebote zur Weiterbildung und zur Qualifizierung der Belegschaft sichergestellt wird. Die Caritas ist in enge und lose Netzwerke eingebunden, welche sich um die Lösung sozialer und gesellschaftlicher Problemstellungen bemühen. Expertenwissen zu unterschiedlichsten Themen ist so schnell abrufbar. Die Tatsache, dass sich circa 500.000 ehrenamtliche Mitarbeiterinnen und Mitarbeiter zugunsten der Arbeit der Caritas einsetzen, ist ein weiteres Indiz dafür, dass die Caritas in der Bevölkerung angenommen wird und ihre Hilfeangebote für Menschen in Not tatkräftige Unterstützung erfahren. Der regionale Bezug des Caritasverbandes in der Diözese Rottenburg-Stuttgart und die langjährige Tätigkeit in dieser Region lässt Beziehungen und Bindungen in die Bevölkerung wachsen. So werden gute Kontakte zu Privatpersonen, zu Kirchengemeinden, zu Unternehmen, zur Politik und weiteren gesellschaftlichen Gruppen gehalten. Diese Zielgruppen können dann über das Angebot der NCS vielerorts auch persönlich informiert und angesprochen werden. Dies ist wiederum als große Stärke zu sehen. Ziel ist es also, alle identifizierten Stärken der Caritas positiv auf die NCS abstrahlen zu lassen.

Darüber hinaus können weitere spezifische Stärken der NCS festgestellt werden: Das klare Angebot, die Chance, eine Stiftung mit dem eigenen Namen gründen zu können, die Zustiftung in eine bestehende Stiftung bereits mit kleinen Summen, das Angebot zur Gründung eines zweckgebundenen Stiftungsfonds, die Möglichkeit der Überlassung eines Stifterdarlehens, Spenden für konkrete Stiftungsprojekte sowie eine umfassende Beratung rund um das Thema Stiftungswesen runden das Gesamtangebot der NCS ab. Darüber hinaus ist das Angebot und die Wirkungsweise der NCS glaubhaft und nachhaltig angelegt. Ein einmal in eine Stiftung unter dem Dach der NCS eingebrachtes Kapital muss per Gesetz für immer in seinem Wert erhalten bleiben. Allein die Erträge (beispielsweise Zinserträge oder Einnahmen aus Vermietung oder Verpachtung) gehen den guten Zwecken zu. Darüber hinaus bietet die NCS ein Stiftungsnetzwerk und damit vielfältige Synergien wie z. B. Vorteile bei der gemeinsamen Vermögensanlage oder die Übernahme bürokratischer Notwendigkeiten in Zusammenhang mit einer Stiftungsgründung. Dazu halten die Mitarbeiterinnen und Mitarbeiter zahlreiche Kontakte zu Ansprechpartnern im Stiftungswesen wie Regierungsbehörden und Aufsichtsgremien. Letztendlich hat das Angebot der Stiftungsgründung einen konkreten finanziellen Vorteil: Die Gründung einer Stiftung unter dem Dach der NCS senkt das zu versteuernde Einkommen.

Schwächen Caritas

Bei der Identifizierung der möglichen Schwächen wurde festgestellt, dass die große Bandbreite der Arbeit der Caritas und der damit verbundene Nutzen für die Gesellschaft in der Öffentlichkeit nicht umfassend wahrgenommen wird. Die zahlreichen Hilfeleistungen für Menschen in Not in nahezu allen Lebenssituationen, wie beispielsweise Angebote der Schwangerschaftsberatung, der Beratung junger Mütter, der Suchtberatung, der Hilfestellungen für Familien in Not, oder aber die solidarischen internationalen Hilfeleistungen der Caritas, werden in der Öffentlichkeit nur selten ganz bewusst wahrgenommen. Häufig erst dann, wenn man persönlich von dieser Hilfeleistung profitiert oder darauf angewiesen ist, wenn im unmittelbaren Umfeld Menschen positive Unterstützungsleistungen der Caritas erfahren, oder bei Katastrophen, die ein starkes Medieninteresse mit sich bringen.

Darüber hinaus wurden Schwächen bei der so genannten »integrierten Kommunikation« der Marke Caritas festgestellt, d. h. die Caritas tritt nicht selten in unterschiedlichen »Gewändern« nach außen auf. Dies zeigt sich beispielsweise dadurch, dass das Caritas Logo innerhalb von Printmedien in unterschiedlichen Größen oder an verschiedenen Stellen auftaucht. Darüber hinaus sind zahlreiche, sehr unterschiedlich gestaltete Informationsreichungen im Umlauf. Diese sorgen nicht für eine einheitliche Außendarstellung, sondern »verwischen« eher einen klaren und wiedererkennbaren Unternehmensauftritt.

Neben diesen allgemeinen Schwächen wurden auch spezifische Schwächen der NCS bzw. ihres Angebotes ausgemacht: Noch ist die Bevölkerung in Deutschland nicht ausreichend über die Möglichkeiten des persönlichen stifterischen Engagements informiert. Zwar zeigen die Untersuchungen, dass die Bereitschaft zu einer persönlichen Stiftungsgründung groß ist, tatsächlich wird dieser Gedanke in Deutschland aber noch relativ selten in die Tat umgesetzt.

Die NCS muss sich ganz neu auf und in einem unübersichtlichen Markt mit zahlreichen direkten und indirekten Wettbewerbern positionieren.

Chancen

Die Verantwortlichen der neuen Caritas-Stiftung waren von Beginn an davon überzeugt, dass die Erfolgsaussichten der NCS trotz der beschriebenen Schwächen optimistisch zu bewerten sind. Die NCS macht ihrer Zielgruppe ein außergewöhnliches, nicht alltägliches, sehr persönliches und klares Angebot. Ein konkretes hoffnungsvolles und positiv wirkendes Zukunftsprodukt: Die Gründung einer persönlichen Stiftung, wenn gewünscht mit frei wählbarem Namen.

Durch die Annahme dieses Angebots in der Zielgruppe kann die Stiftung neue Finanzierungsquellen für die Bewältigung karitativer Arbeit erschließen. Die gelungene strategische Positionierung, gestärkt durch einen einheitlichen und positiven Öffentlichkeitsauftritt sowie ein innovatives Marketing, kann der NCS dabei helfen, ihre Einzigartigkeit aufzubauen und nachhaltig zu sichern. So kann durch die NCS später auch die Marke oder das Unternehmen Caritas von dieser Stifterplattform profitieren.

Risiken

Risiken bestehen darin, dass die Zielgruppe das Angebot als nicht interessant erachtet, der Unternehmsauftritt die potentiellen Stiftungsgründer nicht anspricht, verstärkt direkte Wettbewerber in den Stiftungsmarkt eintreten, oder aber indirekte Wettbewerber ein attraktiveres Angebot machen. Im Fall der Erfolglosigkeit bestünde für die Caritas auch das Risiko, dass sich das bei der Gründung der NCS investierte Gründungskapital nicht refinanziert.

Ergebnisse der Situationsbewertung

Die Stärken der Caritas-Stiftung sind gleichzeitig ihre Kernkompetenzen. Diese gilt es in der Marketing- und Kommunikationsarbeit herauszuarbeiten. Die Notwendigkeit einer völligen Neupositionierung ist zunächst als Schwäche zu betrachten. Sie stellt jedoch gleichzeitig eine einzigartige Chance dar und kann bei professioneller und gelungener Umsetzung in eine wichtige Stärke umgewandelt werden. Dies ist das erklärte Ziel der Marketing- und Kommunikationsarbeit zugunsten der NCS.

Schritt 1 (Situationsanalyse) sowie Schritt 2 (Situationsbewertung) werden an dieser Stelle abgeschlossen. Die nun folgenden strategischen Überlegungen beziehen sich immer unmittelbar auf die NCS. Die Caritas in Deutschland sowie der Diözesancaritasverband der Diözese Rottenburg-Stuttgart treten nun in den Hintergrund.

3 Anwendungsschritt 3: Die Zielsetzung

In Schritt 3 des »Social Marketingprozesses« werden die Ziele für die NCS bestimmt. Die Ziele werden dabei als inhaltlich und zeitlich definierte Endpunkte einer geplanten, künftigen Entwicklung angesehen. Sie werden beeinflusst durch die Ergebnisse der SWOT-Analyse.

Allgemeine Wertvorstellungen: Karitatives Handeln und Solidarität

Durch Festlegung, Dokumentation und Kommunikation der allgemeinen Wertvorstellungen nimmt die NCS Stellung – sie positioniert sich mit einer übergeordneten Zielsetzung. Bei der NCS ist dies die Überzeugung, dass karitatives Handeln persönliche Aufgabe eines jeden Christen ist, Solidarität, eigenverantwortliches Handeln und zivilgesellschaftliche Beteiligung in Gesellschaft, Kirche und Sozialstaat erfordert. Dazu möchte die NCS einen Beitrag leisten und ihrer Zielgruppe die Möglichkeit eines persönlichen karitativen und solidarischen Engagements anbieten – durch die Gründung einer gemeinwohlorientierten, gemeinnützigen, mildtätigen und sozialen Stiftung unter ihrem Dach.

Unternehmenszweck – Vision und Mission der NCS:
Soziale Visionen durch persönliche Treuhandstiftung erfüllen

Die individuelle Unternehmensphilosophie als Grundlage des unternehmerischen Handelns wird getragen durch Vision und Mission. Darüber hinaus wird der eigentliche Unternehmenszweck dokumentiert. Vision der NCS hierbei: Die Stiftung trägt ihren Teil für eine nachhaltige Verwirklichung persönlicher sozialer Visionen und Ziele von Bürgerinnen und Bürgern unserer Gesellschaft bei. Sie unterstützt die langfristige Sicherung und Aufrechterhaltung zur Erfüllung von Caritasaufgaben in Kirche, Sozialstaat und Zivilgesellschaft. Die Mission dabei: Die NCS ruft Menschen dazu auf, unter dem Dach der Caritas-Stiftung in der Diözese Rottenburg-Stuttgart ihre persönliche Treuhandstiftung zu gründen. Die NCS unterstützt Stifterinnen und Stifter bei deren sichtbaren Übernahme sozialer Verantwortung in der Gesellschaft. Durch die Realisierung von Vision und Mission gewinnt die NCS Personen und Gruppen, die sich unter dem Dach der neuen Caritas-Stiftung nachhaltig sozial engagieren.

Unternehmensziele: Professionelles Anlagemanagement des Stiftungsvermögens

Nach der Formulierung allgemeiner Wertvorstellungen sowie von Vision und Mission, beschreiben die Unternehmensziele konkrete unternehmerische Teilziele. Diese Unternehmensziele stellen sich für die NCS wie folgt dar: Die Non-Profit-

Organisationen zeichnen sich i. d. R. dadurch aus, dass sie nicht des eigenen Profites wegen arbeiten. Die Unternehmensziele dieser Organisationen sind zumeist qualitative Ziele. Allerdings gewinnt die Beschaffung finanzieller Ressourcen, zur Aufrechterhaltung sozialer Angebote innerhalb des Dritten Sektors, zunehmend an Bedeutung. Aus diesem Grund stellt die Gewinnung finanzieller Zuwendungen bzw. die Schaffung von Voraussetzungen dafür immer häufiger ein Unternehmensziel gemeinnütziger Organisationen dar.

Die NCS wird Stifterplattform (Netzwerk) für gemeinnützige und mildtätige Treuhandstiftungen unter ihrem Dach. Sie wirbt in der Öffentlichkeit für den Stiftungsgedanken an sich. Sie stellt die Möglichkeiten der Verantwortungsübernahme durch persönliches Stiftungsengagement in der Öffentlichkeit dar. Sie fördert eine neue und notwendige Kultur des Dankes und der Wertschätzung für Stifterinnen und Stifter. Sie schafft Synergien für gegründete Treuhandstiftungen bei der gemeinsamen öffentlichen Darstellung sowie des professionellen Anlagemanagements des Stiftungsvermögens. Zu guter Letzt unterstützt sie die langfristige Aufrechterhaltung der Hilfeleistungen und Unterstützungsangebote der Caritas.

Bereichsziele: Positionierung der Stiftungsmarke

Die Realisierung – monetärer wie nichtmonetärer – Unternehmensziele setzt eine Vielzahl von Sach- bzw. Bereichszielen voraus. Dazu zählen insbesondere auch Marketingziele sowie Kommunikationsziele. Innerhalb der NCS sind dies die erfolgreiche Positionierung und Etablierung einer neuen, unverwechselbaren Stiftungsmarke. Diese neue Stiftungsmarke soll sich durch ihre Einzigartigkeit im Stiftungsmarkt von Wettbewerbern positiv abheben und die Zielgruppe dazu anregen, sich unter dem Dach der NCS zu engagieren. So soll die NCS im Süddeutschen Raum langfristig zu einer der bekanntesten und akzeptiertesten Stiftungsmarken sowie Anbieter persönlicher Stiftungsgründungen werden.

Aktionsfeld- oder Phasenziele: Kommunikativer Auftritt

Die Aktionsfeldziele können den Marketinginstrumenten zugeordnet werden. So beziehen sie sich in der Regel auf das angebotsbezogene Aktionsfeld wie Produkt und Preis, Vertrieb und Kommunikation. Im Bereich Kommunikation soll der Auftritt der NCS in Anlehnung an die Marke Caritas erfolgen und einen eindeutigen Bezug zu ihr dokumentieren. Er soll ein dynamisches, selbstbewusstes und modernes Bild der Caritas in die Öffentlichkeit tragen. Der Auftritt soll sich durch eine integrierte Kommunikation in allen eingesetzten Medien auszeichnen und dafür sorgen, dass die NCS an unterschiedlichen Orten mit Hilfe unterschiedlicher Kommunikationsmittel (beispielsweise im Internet, in Broschüren und Flyer, in Zeitungsberichten oder Anzeigen) von der Zielgruppe sofort wiedererkannt wird.

Instrumental- oder kurzfristige Ziele: Präzise Zielgruppenansprache

Hier werden konkrete Ziele, Maßnahmen und Umsetzungen benannt. Die Zielsetzungen lauten wie folgt: präzise Zielgruppendefinition und Ansprache der Zielgruppe »60plus«, Entwicklung eines Logos und eines passenden Namens oder Slogans, Erstellung von Geschäftspapieren (Briefbogen und Visitenkarte), Erstellung einer Stiftungsbroschüre inklusive Responsemöglichkeit (Möglichkeit der Kontaktaufnahme zum Absender der Werbebotschaft), Erstellung eines Informationsflyers, Erstellung einer Homepage, Entwicklung von Anzeigenvorlagen für Zeitungen und Zeitschriften, Vorbereitung von Presseartikeln, Planung von Stiftungsveranstaltungen sowie das Erstellen von vielseitig verwendbaren Stiftungspräsentationen.

Ergebnisse der Zielsetzung

Die Zieldimensionen und die dahinter stehenden Zielformulierungen tragen dazu bei, den angestrebten Unternehmenszweck (Vision und Mission) der neuen Caritas-Stiftung zu verwirklichen. Während der eigentliche Unternehmenszweck auf Dauer angelegt sein muss, können sich Teilziele wie Bereichs-, Aktionsfeld- oder Instrumentalziele ändern. Bei Gründung der NCS wurden die Teilziele aufgrund der damaligen Ausgangssituation formuliert. Durch die gewonnenen Erfahrungen in der aktiven Stiftungsarbeit wurden Teilziele geändert und angepasst, um den Unternehmenszweck noch besser erfüllen zu können. Wichtig: Teilziele müssen regelmäßig überprüft und ggf. den aktuellen Bedürfnissen angepasst werden.

---

4 Anwendungsschritt 4: Die Strategie

Die Strategie bestimmt die Richtung und Auswahl geeigneter Schritte und Maßnahmen, um zuvor beschlossene Zielvorgaben zu erreichen. Dabei sind strategische Leitfragen zu beantworten: Welche Ziele sind vorgegeben? Wie ist der Marketing-Mix, also das Zusammenspiel der vier Marketinginstrumente Produkt-, Preis-, Distributions- und Kommunikationspolitik, zu gestalten? Wie verhält sich der Wettbewerb? Wie positionieren wir unser Unternehmen gegenüber dem Wettbewerb?

Die Beantwortung der Positionierungsfrage ist neben der Festlegung von Zielen Basis aller strategischen Überlegungen. Die Positionierung stellt die Einzigartigkeit der NCS heraus und hebt sie vom Wettbewerb ab. Da es sich bei der NCS um eine neue Organisation, eine neue Stiftungsmarke, handelt, besteht die Möglichkeit, diese Positionierung relativ frei zu bestimmen. Allerdings ist bereits durch die hinter der Gründung der Stiftung stehende Organisation, den Diözesancaritasverband Rottenburg-Stuttgart, ein wesentlicher Positionierungsansatz quasi von Beginn an »gesetzt«. Die Positionierung muss dabei von Anfang an nachhaltig angelegt sein. Spätere Änderungen an dieser Positionierung, also an den mit der Stiftung verbundenen Assoziationen, sind in der Regel nur mit großem Aufwand oder teilweise sogar überhaupt nicht zu bewerkstelligen.

Ausgehend von dem in Schritt 1 des »Social Marketingprozesses« erstellten Positionierungsmodell der Marke Caritas leiten wir das Positionierungsmodell für die NCS ab (siehe Abbildung 51). Die für die Caritas festgelegten sachlich/funktionalen und ethisch/ideellen Kernwerte bleiben an den bisherigen Punkten im Positionierungsraster bestehen. Die Ausprägungen für die ästhetisch/kulturellen und emotionalen Kernwerte werden weiter an die äußeren Ränder des Positionierungsrasters gesetzt, um einer »Idealmarke« besser zu entsprechen.

Die Positionierung der NCS erfolgt analog der vorangegangenen Positionierung der Marke Caritas und verbalisiert sich durch die Beantwortung der folgenden Fragen:

Markenkernwert – Wer ist die Caritas-Stiftung?
Um die positiven Aspekte der Marke Caritas auf die NCS zu übertragen und damit die NCS von Grund auf als eine starke Stiftungsmarke aufzubauen, orientiert sich die Positionierung der NCS an der Dachmarke Caritas. Verantwortung, Seriosität und Vertrauen werden somit auf die NCS projiziert. Die NCS tritt als gemeinnützige Organisation auf, die seriös, vertrauenswürdig, kompetent und verantwortungsvoll mit dem Vermögen der Stifterinnen und Stifter umgeht und sich ganz für die Erfüllung der Stiftungszwecke einsetzt. Die Stiftung verfolgt ausschließlich gemeinnützige und mildtätige Ziele.

Marken-Leistung – Was leistet die Caritas-Stiftung?
Die NCS bietet professionelle Unterstützung bei der Gründung von Treuhandstiftungen, einer Zustiftung zu bestehenden Stiftungen, der Gründung eines zweckgebundenen Stiftungsfonds sowie bei der Beantwortung von Fragen rund um das Stiftungswesen. Darin inbegriffen ist sowohl die Beratung und Betreuung der Stifter, als auch die Abwicklung der Gründung der Stiftung im Dialog mit den Stiftungsgründern und den erforderlichen staatlichen Stellen.

Benefit/Tonalität/Reason Why – Was bietet die Caritas-Stiftung?
Benefit: Eine Treuhandstiftung unter dem Dach der NCS hilft potentiellen Stiftern, ihrem Lebenswerk eine Zukunft zu geben. Durch die Gründung einer Treu-

handstiftung können diese Menschen Solidarität gegenüber den Schwächeren der Gesellschaft zeigen.

Tonalität: Die NCS entspricht in Kompetenz und Verantwortung der Marke Caritas. In ihrem Auftritt präsentiert sie sich jedoch zielgruppenorientierter und emotionaler. Sie will Mut zum Helfen machen. Sie wirbt vorrangig mit positiven Assoziationen und nicht mit erhobenem Zeigefinger. Sie spricht nicht in erster Linie die Pflicht zur Übernahme von sozialer Verantwortung an, sondern zeigt vielmehr die Möglichkeit zur Verwirklichung einer eigenen sozialen Vision der Stifterinnen und Stifter auf. Die Stiftung will für diese Realisierung Partner und Ansprechpartner sein.

Reason Why: Die Stiftungsgründung dient der Sicherung des Lebenswerks der Stifter, verbunden mit der Option, die Stiftung nach dem eigenen Namen zu benennen. Diese Möglichkeit der Namensgebung wirkt positiv und motivierend auf potentielle Stifterinnen und Stifter.

Aus diesen Markenkernwerten und den Markenleistungen der NCS wird nun die Positionierung entwickelt.

Positionierung Caritas-Stiftung

Die Positionierung der NCS orientiert sich in den Bereichen Kompetenz und Verantwortung an der Marke Caritas. Darüber hinaus wird ein besonderer Schwerpunkt auf den öffentlichen Auftritt der Stiftung, die Kommunikationsleistung sowie die emotionale Ansprache von Stifterinnen und Stiftern gelegt.

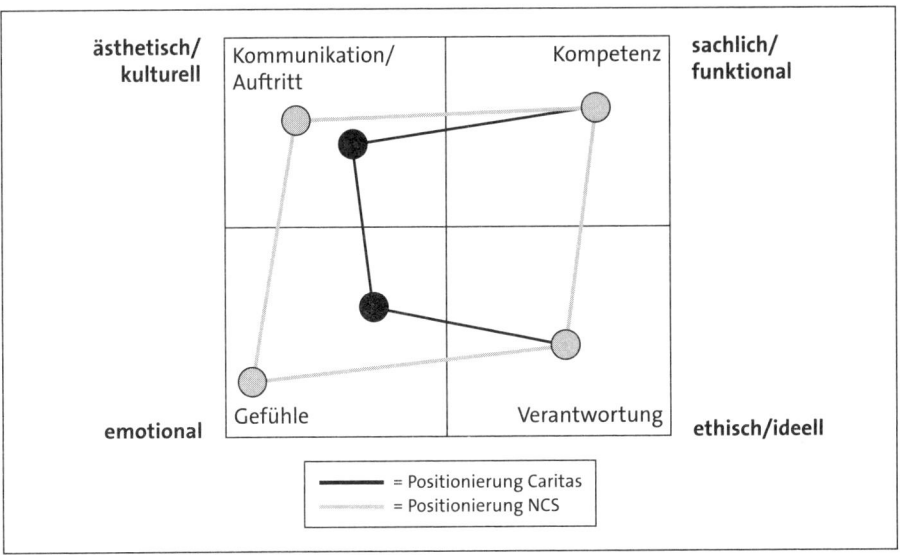

Abbildung 51: Positionierungsprofil der neuen Caritas-Stiftung (NCS)

Ergebnisse der Positionierung

Die NCS setzt sich für die Erfüllung persönlicher Stiftungszwecke potentieller Stifterinnen und Stifter unter ihrem Dach ein. Eine dienstleistungsorientierte, seriöse, vertrauliche, kompetente und verantwortungsvolle Umsetzung bei der Verwirklichung dieser sozialen Ziele steht im Mittelpunkt der Stiftungsarbeit. Die persönliche Beratung, die Vermittlung von Expertenwissen, ein modernes Anlagemanagement des Stiftungsvermögens, die Abwicklung bürokratischer Notwendigkeiten bei Stiftungsgründung sowie die gute Zusammenarbeit mit staatlichen Aufsichtsbehörden und weiteren Ansprechpartnern im Stiftungswesen runden das Angebot der NCS ab. Der Aufbau einer positiven und nachhaltigen Stiftungsmarke positioniert die unter dem Dach der NCS gegründeten Treuhandstiftungen und präsentiert so die individuell gewählten Stiftungsanliegen der Stifterinnen und Stifter in der relevanten Öffentlichkeit. Durch ihr Angebot macht die NCS Mut zur Übernahme gesellschaftlicher Verantwortung und zeigt konkrete Wege dafür auf.

---

5 Anwendungsschritt 5 und 6: Der Maßnahmenplan/ Marketing-Mix sowie die Realisierung

Zur Realisierung der Marketingstrategie dient der planvolle Einsatz des gesamten Marketing-Mix. Durch die Gestaltung des Marketing-Mix wird die Strategie in konkrete Maßnahmen umgesetzt. Im Rahmen der vorliegenden Arbeit wird der Schwerpunkt auf das Marketinginstrument der Kommunikationspolitik gelegt. Dabei wird gleichzeitig die praktische Umsetzung der entwickelten kommunikativen Maßnahmen für die NCS aufgezeigt. Schritt 6 des »Social Marketingprozesses« – die Realisierung – wird gleichzeitig in den Schritt 5 (Marketing-Mix) integriert. Diese Vorgehensweise entspricht nicht exakt den theoretischen Vorgaben des »Social Marketingprozesses«, sie soll jedoch im Rahmen dieser Arbeit einen besseren Einblick in die konkrete Umsetzung der Marketingstrategie, insbesondere die Kommunikationsstrategie der NCS, ermöglichen.

Produktpolitik

Die Produktpolitik umfasst alle Sachverhalte, die sich auf eine marktgerechte, d. h. an den Bedürfnissen der Zielgruppen orientierte Gestaltung der Produkte beziehen.

Bei der NCS sind die Produkte sozusagen durch die Stiftungsgesetzgebung vorgegeben. Neben der umfassenden Beratung rund um ein stifterisches Engagement kann die NCS folgende Produkte anbieten:

- Gründung von Treuhandstiftungen mit frei wählbarem Namen (auch mit dem eigenen Namen) unter dem Dach der NCS.

- Gründung eines zweckgebundenen Stiftungsfonds, auch innerhalb bereits gegründeter Treuhandstiftungen der NCS (ebenfalls ist es möglich, den Namen des Stiftungsfonds zu bestimmen).
- Beratung bei der Auswahl von Empfängern (Stiftungen) für Zustiftungen zum Stiftungskapital.
- Verwendung und Übergabe von Stifterdarlehen, d. h. Interessierte stellen der NCS oder einer ihrer Treuhandstiftungen für eine bestimmte Zeit einen finanziellen Betrag als Anlagegut zur Verfügung. Dabei kommen die in einem fest vereinbarten Zeitraum erwirtschafteten Erträge (beispielsweise Zinserträge aus Kapitalanlagen) den Stiftungszwecken der NCS oder einer Treuhandstiftung unter dem Dach der NCS zugute.
- Vorschlag und Aufzeigen von Spendenprojekten.

Preispolitik

Die Preispolitik beinhaltet alle Entscheidungen im Hinblick auf das vom Kunden (der Zielgruppe) zu entrichtende Entgelt.

Bei der NCS kann nur bedingt von Preisen gesprochen werden. Zustiftungen und Spenden können bereits ab 1 Euro getätigt werden. Die Gründung einer Treuhandstiftung unter dem Dach der NCS ist ab einer Summe von Euro 50.000 möglich (individuelle Abweichungen sind unter bestimmten Voraussetzungen möglich), die Gründung eines zweckgebundenen Stiftungsfonds ist ab einer Summe von Euro 5.000 möglich (individuelle Abweichungen sind unter bestimmten Voraussetzungen möglich). Für die Stiftungsverwaltung der Treuhandstiftungen fallen pro Jahr 0,5 % des Stiftungskapitals als Verwaltungspauschale an. Diese Verwaltungsgebühr wird aus den jährlichen Erträgen beglichen.

Distributionspolitik

Die Distributionspolitik umfasst sowohl vertriebsgerichtete Aktivitäten (Herbeiführung von Verkaufsabschlüssen) als auch logistische Aktivitäten (wie gelangt das Produkt zum Kunden).

Im Falle der NCS sind die Maßnahmen der Distributionspolitik eng verbunden mit den Maßnahmen der Kommunikationspolitik. Die Produkte im Bereich des Stiftungswesens erfordern keinen bestimmten Ort der Übergabe. Theoretisch könnte eine Stiftungsgründung gar ohne ein einziges persönliches Treffen stattfinden. Dazu müsste der Stiftungsgeber (Stifter oder Zustifter) dem Stiftungsnehmer (NCS) die erforderlichen Unterlagen unterschrieben zur Verfügung stellen. Zustiftungen und Spenden werden in der Praxis häufig über einen Mittler (beispielsweise eine Bank) »übergeben«. In diesem Kontext spielt der zweite Teil der

Distributionspolitik (Wie gelangt das Produkt zum Kunden?) eine eher untergeordnete Rolle, denn eine Stiftungsurkunde kann mit der Post zum Stifter geschickt werden. Der erste Teil (beispielsweise die Herbeiführung von Stiftungsgründungen unter dem Dach der NCS) spielt wiederum eine bedeutende Rolle. Voraussetzung für die Herbeiführung von Stiftungsgründungen ist die Kenntnis des Produktes in der Zielgruppe. Diese Kenntnis in der Zielgruppe kann wiederum nur über eine zielgerichtete Kommunikation erfolgen. Hierbei ist die Kommunikationspolitik gefragt.

Kommunikationspolitik

Das Marketinginstrument der Kommunikationspolitik beinhaltet alle Entscheidungen hinsichtlich der Kommunikation eines Unternehmens am Markt. Die Definition der Kommunikationsziele sowie der Zielgruppe sind dabei wesentliche Elemente. Die Höhe des Kommunikationsbudgets sowie die Verteilung des Budgets auf unterschiedliche Werbemittel und Werbeträger müssen ebenfalls bestimmt werden. Dies bedeutet, dass festgelegt werden muss, wo Werbung »geschaltet« werden soll. Dafür stehen verschiedene Möglichkeiten wie Tageszeitungen, Fernsehen, Fachzeitschriften, Hörfunk, Außenwerbung (Plakate, Litfass etc.), Wochen- und Sonntagszeitungen oder beispielsweise Online-Medien zur Verfügung.

Die NCS verfügt in der Gründungsphase über kein eigenes Werbebudget. Es besteht ein Budget zur Entwicklung eines Unternehmensauftrittes, d. h. die Gestaltung eines Logos, die Entwicklung eines passenden Slogans sowie die Erstellung erster Handreichungen wie Broschüre und Flyer. Darüber hinaus ist ein Budget für die Erstellung einer Homepage vorhanden. Ziel bei der Entwicklung des Unternehmensauftrittes ist die Schaffung eines einheitlichen Orientierungsrahmens für sämtliche Kommunikationsprozesse der NCS nach innen und nach außen. Die Kommunikationsaktivitäten sollen damit quasi vereinheitlicht werden. Dieser Schritt gewinnt, angesichts einer steigenden Informationsflut bei den Verbrauchern mit zahlreichen Werbebotschaften im täglichen Leben, eine entscheidende Bedeutung. Die Schaffung dieses integrativen Kommunikationsansatzes ist Aufgabe der Corporate Identity.

Corporate Identity

Die CI beschreibt die gewünschte Selbstdarstellung eines Unternehmens, sozusagen das Bild, wie die NCS nach innen und außen wahrgenommen oder gesehen werden soll. Dieses kommunikative Bild wird durch die drei Komponenten der CI gesteuert: Corporate Behavior, Corporate Design und Corporate Communications.

Corporate Behavior

Sie umfasst das Verhalten der Mitarbeiterinnen und Mitarbeiter der NCS insbesondere gegenüber Kunden, d. h. gegenüber bestehenden und potentiellen Stiftungsgründern, Zustiftern, Darlehensgebern oder Spendern. Manche Unternehmen führen im Rahmen der Corporate Behavior Verhaltenskodexe, wie beispielsweise »Freundlichkeits-Gebote« ein. In der NCS wurden keine Verhaltenskodexe oder Aussagen zur Corporate Behavior formuliert. Für die Mitarbeiter der NCS ist ein freundlicher und menschlicher Umgangsstil selbstverständlich.

Corporate Design

Das Corporate Design umfasst die Gestaltung aller Komponenten des Erscheinungsbildes der NCS. Sozusagen wird in ihr das Erscheinungsbild der CI umgesetzt. Aufgabe des Corporate Design ist die Entwicklung eines unverwechselbaren Bildes der NCS.

Das Corporate Design umfasst alle visuell-stilistischen Ausdrucksformen der NCS wie das Logo (Unternehmenssymbol), Slogan (Kern-Botschaft oder begleitende Aussage), Unternehmensfarben, Schrifttyp, Geschäftsausstattung (Briefpapier, Visitenkarte, Unternehmenspräsentation) sowie Vorgaben für die Gestaltung von Anzeigen, Prospekten und Geschäftspapieren.

● **Logo**

Bei der Entwicklung des Logos der NCS sollte aufgrund der hohen Bekanntheit der Caritas deren Logo eingebunden werden. Dieses Logo wird seit vielen Jahren eingesetzt, es ist bekannt und wurde von großen Teilen der Bevölkerung in Deutschland »gelernt«, d. h. die vertrauten Betrachter verknüpfen das Logo mit dem Unternehmen Caritas. Somit kann eine Wiedererkennung leichter erfolgen und auf die NCS übertragen werden. Damit die NCS als eine der Caritas zugehörige, aber dennoch als selbstständige Rechtsperson wahrgenommen wird, findet eine Erweiterung des Logos um einen verbalisierten Leitgedanken der Stiftung (Slogan) statt. Eine Logo-/Slogan-Kombination entsteht.

● **Slogan**

Der Slogan der NCS ergänzt das Caritaslogo. Über eine perspektivische Aussage verleiht der Slogan dem Logo eine eigene Note. Bei der Entwicklung des Slogans wurde insbesondere auf die Zielgruppe der NCS geachtet.

Die Zielgruppe der NCS sind Menschen (60plus) die auf ein langes und erfülltes Leben zurückblicken können. Sie haben sich bereits ein eigenes Lebenswerk geschaffen. Meist besteht dieses aus beruflichen, materiellen und familiären Erfahrungen und Erlebnissen. Durch das »älter werden« und die bevorstehende Zeit des Rentenalters, stellen sich viele dieser Menschen die Frage nach dem eigentlichen Sinn des Lebens. Der Wunsch, sich selbst zu verwirklichen, sich persönlich sozial zu engagieren oder auch finanzielle Hilfe zu leisten, kann durch eine Stiftungsgründung erfüllt werden. Für die Stifterinnen und Stifter spielt dabei der »Ewigkeitscharakter« einer Namensstiftung, also das Bestehen der Stiftung über den eigenen Tod hinaus, eine ganz besondere Rolle.

Ziel des Slogans der NCS muss es folglich sein, Motive, Vorzüge und Anreize der Gründung einer Namensstiftung stark reduziert und gleichzeitig offen und verständlich zu verbinden.

Auf der Suche nach geeigneten Wörtern und Wortketten wurde die Methode des Brainstormings genutzt. Die Ergebnisse aus diesem Brainstorming werden nachfolgend dargestellt.

Zukunft	Hilfe		Perspektiven	Wege
	Sicherheit		Menschen	
Meilenstein				Interesse
		Lebenswert		
	Zeichen	Sinn		Selbstverwirklichung
Investition				
		Chancen		
Verantwortung				Erfahrung
		Leben		

		gestalten	stiften	
geben & nehmen		erhalten		weitergeben
	teilen			
	helfen		schaffen	
aufbauen				prägen
verbinden	bewahren	suchen & finden	schenken	

Abbildung 52: Ergebnisse des Brainstormings zur Slogan-Findung

Der Slogan soll leicht verständlich und nicht zu lange sein, positiv formuliert werden, die NCS stark reduziert beschreiben, die Förderung der Gründung einer Namensstiftung untermauern, ausreichend Freiraum geben und auf der Suche nach einem individuellen Stiftungszweck Gefühle und Phantasie potentieller Stiftungsgründer anregen.

Auf Grundlage der gesammelten Assoziationen und Begriffe des Brainstormings sowie obiger Vorüberlegungen entstand folgender Slogan:

»**Lebenswerk Zukunft**«

Dieser Slogan oder Leitgedanke transportiert die Unternehmensvision der NCS und spricht die Zielgruppe persönlich an. Zum einen wird das Lebenswerk, also all die Ziele, die der Stifter in seinem Leben erreicht hat, honoriert. Zum anderen werden mit dem Wort »Zukunft« die Chancen, die durch den Einsatz des Lebenswerkes ermöglicht werden, angesprochen. Die Verbindung beider Wörter lässt das Lebenswerk beständig andauern und verleiht ihm somit einen gewissen »Ewigkeitscharakter«.

Die Visualisierung der Logo-/Slogan-Kombination stellt sich wie folgt dar:

Abbildung 53: Logo-/Slogan-Kombination der Caritas-Stiftung »Lebenswerk Zukunft«

Logo und Slogan bilden eine Einheit und werden harmonisch miteinander verbunden. Die geschwungene Schrift des Slogans vermittelt Lebendigkeit und zieht den Blick des Betrachters auf sich. Gleichzeitig dient sie der Wiedererkennung, da sie in der Hausfarbe der Caritas gehalten ist.

Corporate Communications

In der Corporate Communications kommen die innerhalb der Corporate Identity festgelegten Bestandteile zum Einsatz. Insbesondere die gestalterischen Vorgaben des Corporate Designs werden hier umgesetzt. In den Kommunikationsinstrumenten werden sie sozusagen erst sichtbar. Die Trennung der Kommunikationsinstrumente und deren Abgrenzung voneinander ist nicht unproblematisch und kaum trennscharf darzustellen. In der Literatur finden sich häufig folgende Kommunikationsinstrumente wieder: Die Werbung (unterteilt in klassische Werbung und Werbung in neuen Medien), die Verkaufsförderung, die Public Relations (PR), Messen und Events, das Sponsoring sowie das Direktmarketing.

Für die Darstellung der praktischen Umsetzungen für die NCS »Lebenswerk Zukunft« werden nachfolgend die Kommunikationsinstrumente der Werbung, des Direktmarketings, der Public Relations sowie des Sponsorings betrachtet:

a) Werbung

Werbung zielt darauf ab, Zielgruppen zu einer konkreten Aktion zu bewegen (beispielsweise zum Kauf eines beworbenen Produktes). Werbung erfolgt über spezielle Werbemittel und sie verursacht dem werbenden Unternehmen Kosten. Als Werbemittel bezeichnet man eine kreative Umsetzung der Werbebotschaft in Print- oder elektronischen Medien, die anstelle des persönlichen Kontaktes zwischen werbendem Unternehmen (Absender der Werbebotschaft) und der Zielgruppe (Empfänger der Werbebotschaft) tritt.

Zu den gängigen Werbemitteln, die auch bei der Stiftung »Lebenswerk Zukunft« zum Einsatz kommen, zählen Werbe- und Imagebroschüre, Werbeflyer, Homepage, Anzeigen sowie die Außenwerbung (beispielsweise Plakatwerbung).

aa) Werbe- Imagebroschüre

Sie beinhaltet umfassende Informationen über das Unternehmen, dessen Produkte und Dienstleistungen sowie über sonstige relevante Themen.

Die NCS setzt zwei verschiedene Broschüren ein:

Die Broschüre »Leitfaden zur Stiftungsgründung« bietet eine erste Hilfestellung bei allen Fragen rund um das Thema Stiftungen und regt zur Gründung von Treuhandstiftungen an. Darüber hinaus informiert sie über soziale Brennpunkte und die Unternehmenstätigkeit sowie die Oberziele des Caritasverbandes der Diözese Rottenburg-Stuttgart. So zeigt sie gleichzeitig mögliche Stiftungszwecke für die potentiellen Stiftungen auf. Ein integriertes Responseelement regt die relevante Zielgruppe dazu an, mit dem Absender der Werbebotschaft bzw. Marketingaktivität in direkten Kontakt zu treten. Das Responseelement der Broschüre »Leitfaden zur Stiftungsgründung« bietet der Zielgruppe die Möglichkeit, weiteres Informationsmaterial über die Caritas bzw. die Caritas-Stiftung anzufordern oder auch einen persönlichen Gesprächstermin zu vereinbaren. Dies ist insofern wichtig, als dass es der Zielgruppe so einfach wie möglich gemacht werden soll, in Kontakt mit der Stiftung zu treten.

Darüber hinaus wird die Broschüre »Mein Lebenswerk Zukunft« eingesetzt. Diese Broschüre bietet genaue Informationen über die Vorteile und Möglichkeiten einer persönlichen Stiftungsgründung unter dem Dach der Caritas-Stiftung in der Diözese Rottenburg-Stuttgart.

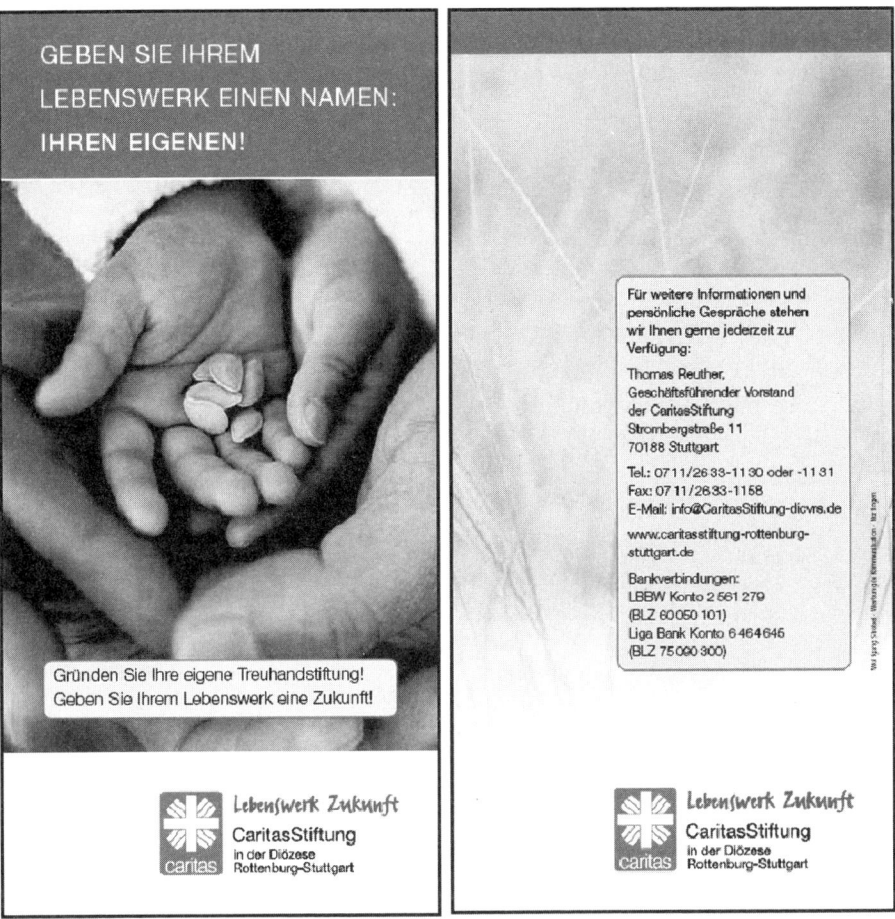

Abbildung 54a: Imagebroschüre »Lebenswerk Zukunft«, Vorderseite

Die CaritasStiftung in der Diözese Rottenburg-Stuttgart hat als Patron den Heiligen Martin von Tours gewählt. Martin und der geteilte Mantel stehen dabei für Hilfe und Nächstenliebe

Lebenswerk Zukunft

Liebe Leserinnen und Leser,

Sie können mit Ihrem Vermögen einen Beitrag für eine bessere Welt leisten. Sie können eine eigene Stiftung gründen, die mit Ihrem Namen und einem von Ihnen gewählten sozialen Zweck verbunden ist.

Die CaritasStiftung hilft Ihnen bei der Gründung Ihrer eignen Stiftung, damit Sie Ihrem Lebenswerk eine Perspektive geben können. Wir beraten Sie gerne persönlich. Mit dieser kleinen Broschüre möchten wir Sie anregen, über Ihre eigene Stiftung nachzudenken. Geben Sie Ihrem Lebenswerk einen Namen und eine Zukunft. Es lohnt sich für Sie und für die Menschen, denen Sie mit Ihrer Stiftung helfen!

Thomas Reuther
Geschäftsführender Vorstand
der CaritasStiftung

Abbildung 54b: Imagebroschüre »Lebenswerk Zukunft«, Auszug aus den Innenseiten

Die Gestaltung beider Imagebroschüren zeichnet sich durch die Verwendung ansprechender Materialien sowie sympathischer und emotionaler Bilder aus. Die Schaffung von Emotionalität ist notwendig, um den Betrachter in ein positives Wahrnehmungsklima zu versetzen, die Aufnahme der Textinformationen anhand der Bilder zu unterstützen und die sachliche Argumentation auf der Gefühlsebene zu untermauern.

bb) Flyer

Er transportiert in kurzer Zusammenfassung Zweck, Aufgabe oder auch aktuelle Projekte eines Unternehmens.

DIE CARITASSTIFTUNG –
VERLÄSSLICHER PARTNER FÜR
IHR Lebenswerk Zukunft

Die CaritasStiftung in der Diözese Rottenburg-Stuttgart ist eine rechtsfähige, gemeinnützige, kirchliche
Stiftung des bürgerlichen Rechts.

Ihr Gründungsdatum ist der 9. September 2003.
Die Stiftung ist Mitglied im Caritasverband der
Diözese Rottenburg-Stuttgart und im Bundes-
verband Deutscher Stiftungen.

Die CaritasStiftung ist Ihr verlässlicher Partner auf
dem Weg zu Ihrem persönlichen Lebenswerk
Zukunft. Unserem Sachverstand und unserer
Erfahrung können Sie vertrauen. Wir sind aus
christlichen Motiven dem Gemeinwohl verpflichtet.

Ihre persönliche Stiftung genießt als Treuhand-
Stiftung Sicherheit, Beratung und Unterstützung
durch den rechtlichen Rahmen der CaritasStiftung.

Vorstand und Geschäftsführung:
• Thomas Reuther, Vorstand und
  Geschäftsführung
• Wilhelm Dannenbaum, Vorstand

Stiftungsrat als Aufsichtsgremium:
• Dr. Johannes Kreidler, Vorsitzender
  Weihbischof, Diözese Rottenburg-
  Stuttgart
• Dr. Volker Munk, stellv. Vorsitzender
  Wirtschaftsprüfer und Steuerberater
• Gudula Becker
  Richterin am Landessozialgericht
  Stuttgart
• Robert Kramer
  Leiter der Liga-Bank, Stuttgart
• Siegmar Mosdorf
  Palamentarischer Staatssekretät a.D.
  Unternehmensberater
• Ulrich Peters
  Vorstand der Schwabenverlag AG
• Margarethe Wittig-Terhardt
  Direktorin für Finanzen und Recht
  des SDR a.D.

Abbildung 54c: Imagebroschüre »Lebenswerk Zukunft«, Auszug aus den Innenseiten

Die Flyer der NCS sind eine Besonderheit. Jede neu gegründete Treuhandstiftung unter dem Dach der NCS erhält einen eigenen Flyer. Dieser Flyer stellt zum einen den spezifischen Stiftungszweck der jeweiligen Treuhandstiftung heraus. Gleichzeitig enthält er die wichtigsten Informationen zur NCS selbst in Kurzform. Die Flyer der verschiedenen Treuhandstiftungen enthalten alle den gleichen gestalterischen Aufbau, wiederkehrende Elemente (Logo und Slogan der NCS) sowie die rote Hausfarbe der Caritas. Dadurch wird ein einprägsamer, wiedererkennbarer Auftritt gewährleistet. Die Caritas-Stiftung »Lebenswerk Zukunft« wächst auch in der gestalterischen Außendarstellung und wird durch jede neue Treuhandstiftungsgründung weiteren Zielgruppen zugänglich gemacht. Die nachfolgenden Beispiele sollen dies veranschaulichen.

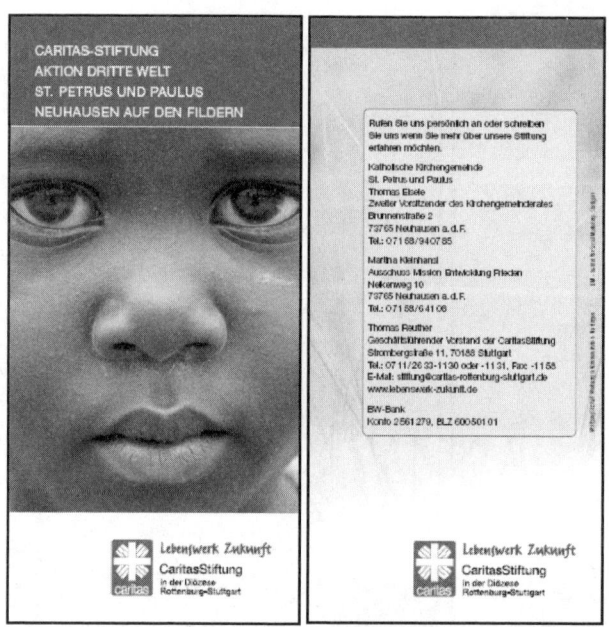

CARITAS-STIFTUNG
AKTION DRITTE WELT
ST. PETRUS UND PAULUS
NEUHAUSEN AUF DEN FILDERN

Ziele der Stiftung

Diese Caritas-Stiftung fördert die kirchliche Ent-
wicklungszusammenarbeit und die sozial-karitative
Solidarität zwischen der Katholischen Kirchen-
gemeinde St. Petrus und Paulus sowie kirchlichen
Organisationen und Projekten in der Dritten Welt. Zu
diesen bestehen bereits seit Jahrzehnten lebendige
Beziehungen, insbesondere zu unseren Partnern in
Simbabwe und Sambia.

Unterstützen Sie uns, diese Ziele zu verwirklichen.
Stiften Sie zu oder errichten Sie dafür eine eigene
Stiftung unter Ihrem Namen.

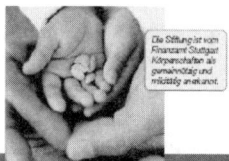

Die Stiftung ist vom
Finanzamt Stuttgart
Körperschaften als
gemeinnützig und
mildtätig anerkannt.

Kuratorium

Ein ehrenamtliches Kuratorium aus Neuhausen ist
verantwortlich für die Wahrnehmung der Stiftungsaufgaben und für die ordnungsgemäße Verwendung
der Stiftungsmittel.

Stiftungsvermögen

Das Stiftungsvermögen der Caritas-Stiftung Aktion
Dritte Welt bleibt für immer in seinem Wert erhalten.
Die Stiftungsaufgaben werden ausschließlich durch
Zinseinnahmen und durch Spenden finanziert.

Die CaritasStiftung in der Diözese Rottenburg-Stutt-
gart ist Partnerin der Caritas-Stiftung Aktion Dritte
Welt. Sie begleitet die Stiftung und übernimmt treu-
händerisch die Verwaltung. Caritas-Stiftung Aktion
Dritte Welt kann sich so ganz auf die Erfüllung des
Stifterwillens und des Stifterzwecks konzentrieren.

Abbildung 55: Stiftungsflyer AKTION DRITTE WELT

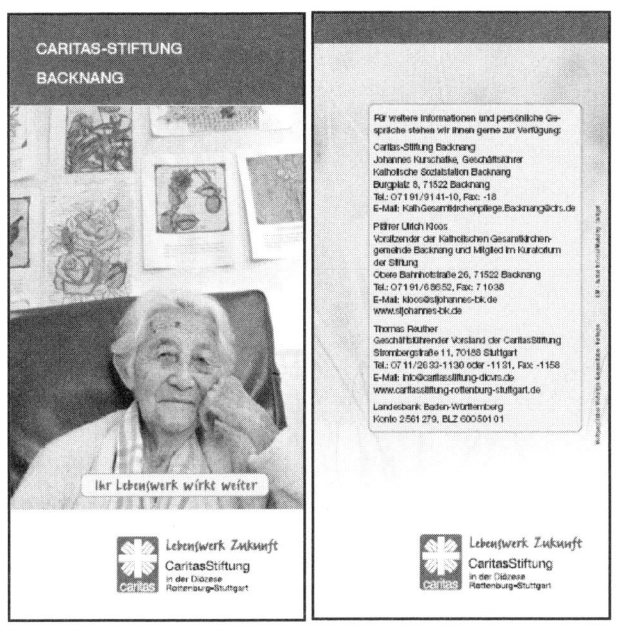

Abbildung 56: Stiftungsflyer CARITAS-STIFTUNG BACKNANG

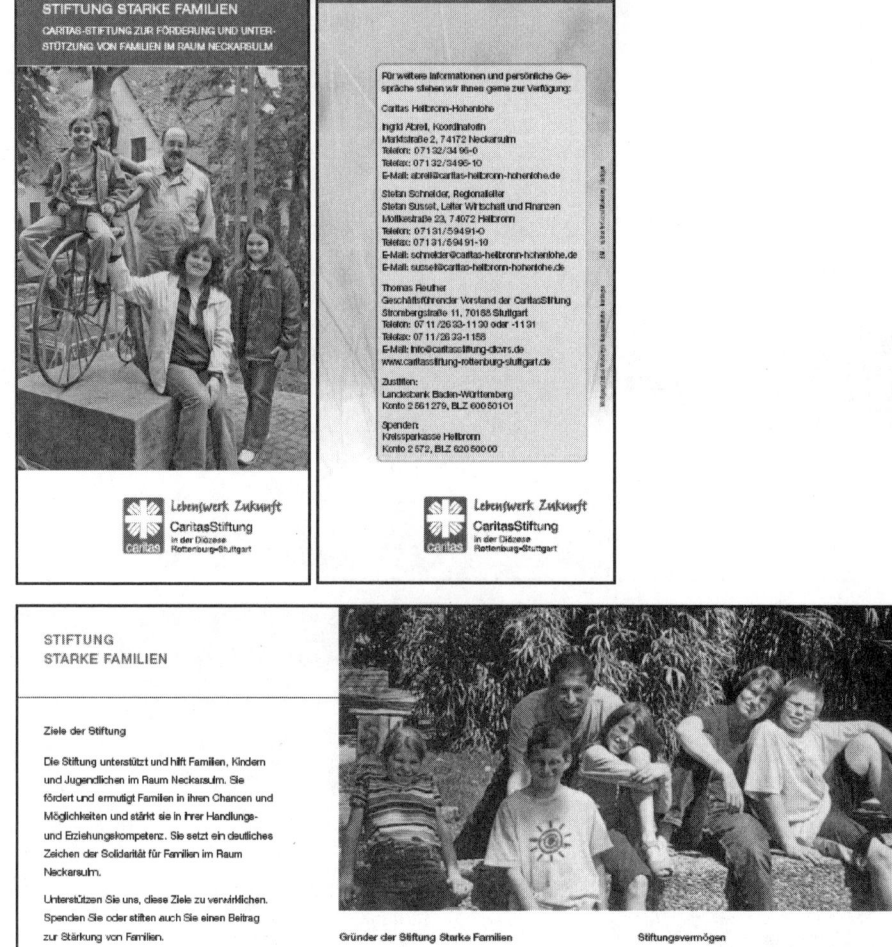

Abbildung 57: Stiftungsflyer STIFTUNG STARKE FAMILIEN

cc) Homepage

Mit unbegrenzter Speichermöglichkeit informiert die Homepage über Hintergründe, Ziele und Aufgaben des Unternehmens. Sie ist weltweit verfügbar und gehört mittlerweile zum Standard der Kommunikationsinstrumente eines Unternehmens. Die Homepage liefert unmittelbare Möglichkeiten des Dialogs mit der Zielgruppe, beispielsweise durch sofort verfügbare Kontaktformulare, Chatmöglichkeiten oder themenbezogene Foren.

Abbildung 58: Homepage der Caritas-Stiftung

Die Homepage der NCS wurde in einem eigenständigen Design erstellt. Auf ihr befinden sich wiederkehrende Elemente wie Logo und Slogan sowie das Titelmotiv. Die durchgehende Verwendung der Hausfarbe der Caritas und des Logos stellt gleichzeitig den Bezug zur Homepage des Deutschen Caritasverbandes wie auch zur Homepage des Diözesancaritasverbandes der Diözese Rottenburg-Stuttgart sicher. Die Zusammengehörigkeit wird durch eine Verlinkung auf der Startseite der NCS zu den genannten Seiten noch verstärkt. Die Homepage ist in Hinblick auf ihre Benutzerfreundlichkeit insbesondere für unkundige Internetnutzer geeignet. Sie ist sehr übersichtlich aufgebaut und arbeitet mit wenigen, aber klaren Untermenüpunkten. Die Seite ist so programmiert, dass ein »Scrollen« (Verschieben von Bildschirminhalten) weitestgehend nicht erforderlich ist, um die gesamte Seite überblicken zu können. Die Texte zeichnen sich durch einfache und prägnante Formulierungen aus und sind bewusst kurz gehalten.

dd) Anzeigen

Anzeigen sollen Aufmerksamkeit erwecken. Dies ist insbesondere dann wichtig, wenn sie sich gegen andere Anzeigen »durchsetzen« müssen. Aufmerksamkeit alleine reicht aber noch lange nicht aus. Auch die geschickte Platzierung, d. h. die Auswahl der geeigneten Anzeigenplattform (beispielsweise Zeitung oder Zeitschrift) ist von entscheidender Bedeutung. Dieser so genannte Werbeträger sollte sich dadurch auszeichnen, dass er von den Zielgruppen des werbenden Unternehmens auch genutzt, also gelesen wird. Die Anzeigen der Stiftung »Lebenswerk Zukunft« arbeiten überwiegend mit Text. Daneben wird als gestalterisches Element das Logo abgebildet. Die Schaltung von Anzeigen verursacht Kosten. Kosten, die im Etat vieler gemeinnütziger Organisationen wie auch der Stiftung »Lebenswerk Zukunft« nicht vorgesehen sind. Aus diesem Grund sind oftmals so genannte Füllanzeigen von größerer Bedeutung als die gezielte, kostenintensive Schaltung von Anzeigen.

Füllanzeigen kommen innerhalb einer Zeitschrift oder einer Zeitung zum Einsatz, wenn Anzeigenflächen nicht vollständig von der Zeitung verkauft werden können. Die Zeitung bzw. Zeitschrift ist i. d. R. darauf bedacht, diesen freibleibenden Raum zu »füllen« und bietet die kostenlose Schaltung der Füllanzeigen an. In solchen Fällen besteht für die Stiftung »Lebenswerk Zukunft« die Chance der kostenlosen oder stark vergünstigten Schaltung ihrer Füllanzeigen. Für diese Zwecke wurde in der Stiftung ein Presseverteiler (Liste mit in Frage kommenden regionalen und überregionalen Tages- und Wochenzeitungen) angelegt. Regelmäßig werden die entwickelten Füllanzeigen an die Empfänger des Presseverteilers mit der Bitte um Platzierung im Falle einer freibleibenden Anzeigenfläche geschickt. Dadurch ist zwar keine gezielte Platzierung der Füllanzeigen möglich, es eröffnet sich jedoch eine sehr kostengünstige Möglichkeit der Anzeigenschaltung. Füllanzeigen

Mit einer

Zustiftung oder Spende

gestalten und fördern Sie

nachhaltig die soziale Zukunft

von Familien in Neckarsulm.

Konto 2 572, Kreissparkasse Heilbronn (BLZ 625 500 00)
Gerne informiert Sie Ingrid Abrell, Tel. 0 71 32/3 49 60

Lebenswerk Zukunft

Stiftung
Starke Familien

Abbildung 59: Anzeige einer Treuhandstiftung »Lebenswerk Zukunft«

Mit einer Zustiftung oder Spende gestalten und
fördern Sie nachhaltig die soziale Zukunft
von Familien in Neckarsulm.

Konto 2 572, KSK Heilbronn (BLZ 625 500 00)
Gerne informiert Sie Ingrid Abrell, 0 71 32/3 49 60

Lebenswerk Zukunft
Stiftung
Starke Familien

Abbildung 60: Füllanzeige einer Treuhandstiftung »Lebenswerk Zukunft«

sind bewusst reduziert gestaltet, denn der Einsatz von Farben oder Bildern innerhalb der Füllanzeigen ist nur sehr selten möglich. Wichtig ist es, die Füllanzeigen in
unterschiedlichen Formaten bereit zu halten, denn der freibleibende Raum (An-
zeigengröße) innerhalb einer Zeitung ist ja nicht im Voraus zu prognostizieren.

ee) Außenwerbung/Plakate

Außenwerbung ist Werbung, die im öffentlichen Raum platziert wird. Es gibt sie als Plakatwerbung (beispielsweise großflächige Plakate, elektronische Präsentationsschilder, beleuchtete City Light Poster), aber auch als Werbung auf Transportmitteln wie Zügen oder Bussen. Diese Werbeflächen müssen gebucht, also gekauft werden. Diese Form der Werbung ist mangels finanzieller Ressourcen im Etat der Stiftung »Lebenswerk Zukunft« nicht vorgesehen. Dennoch wurde eine Form gefunden, die einen Einsatz in der Außenwerbung, beispielsweise im Rahmen von Veranstaltungen, ermöglicht. Dabei handelt es sich um ein mobiles Display (auch Banner genannt). Dieses System ist eine mit Informationen zur Stiftung »Lebenswerk Zukunft« bedruckte Stoffbahn in einem Metallgestell. Das mobile Display ist einfach aufzubauen und wird bei allen öffentlichen Anlässen eingesetzt. Dazu zählen beispielsweise die feierlichen Gründungen neuer Treuhand-

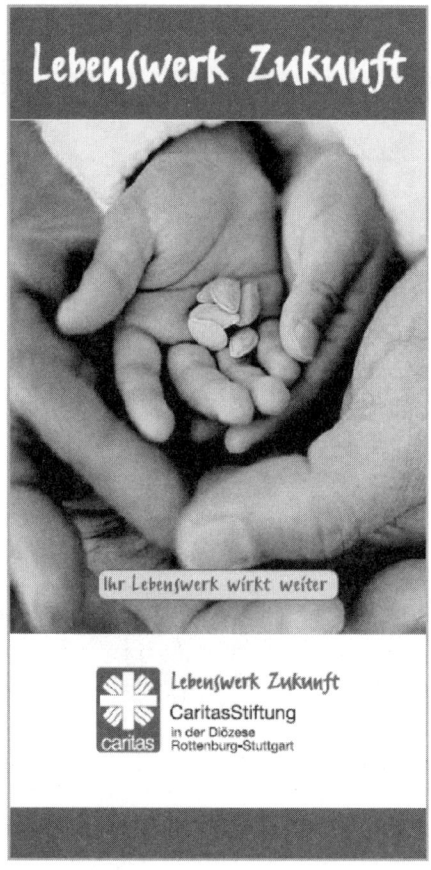

Abbildung 61: Mobile Stellwand (Display)

stiftungen, das jährliche Stifterfest sowie zahlreiche andere öffentliche Veranstaltungen.

Das Display enthält die gestalterischen Grundelemente wie Logo und Slogan, Titelmotiv sowie die unverkennbare Farbgebung. Auf Texte sowie Kontakt- und Bankdaten wurde bewusst verzichtet – diese Informationen sind auf den vorhandenen Flyern und Broschüren, die in unmittelbarer Nähe der mobilen Stellwand ausgelegt werden, enthalten. Das Display wird vor allem als so genannter »Eyecatcher« eingesetzt, d. h. er soll für Aufmerksamkeit sorgen. Das Display wird u. a. für Pressefotos eingesetzt oder z. B. während einer Stiftungsgründung. In Zeitungsartikeln ist dann immer der Schriftzug »Lebenswerk Zukunft« im Hintergrund zu sehen. Somit wird eine kostenlose Verbreitung des Slogans der Stiftung gewährleistet.

Nachfolgende Abbildung zeigt die Platzierung des Display im Rahmen einer Stiftungsneugründung auf:

Abbildung 62: Platzierung des Display bei Stiftungsgründung

b) Direktmarketing

Als Direktmarketingmaßnahmen werden Aktivitäten bezeichnet, die sich der direkten Kommunikation bedienen, d. h. innerhalb derer sich Zielgruppen in Einzelansprache erreichen lassen. Zu den Instrumenten des Direktmarketings gehören postalische Werbesendungen, telefonische Werbeansprachen, Werbeansprachen über Faxmitteilungen, internetgestützte Direktansprachen oder auch Werbeansprachen per SMS (Short Messaging Service) oder MMS (Multimedia Messaging Service) über ein Mobilfunktelefon.

Wie bereits bei den vorhergehenden Kommunikationsinstrumenten ist es der Stiftung Lebenswerk Zukunft aus Gründen der anfallenden Kosten nicht möglich, sich der üblichen Instrumente des Direktmarketings zu bedienen. Würde die Ge-

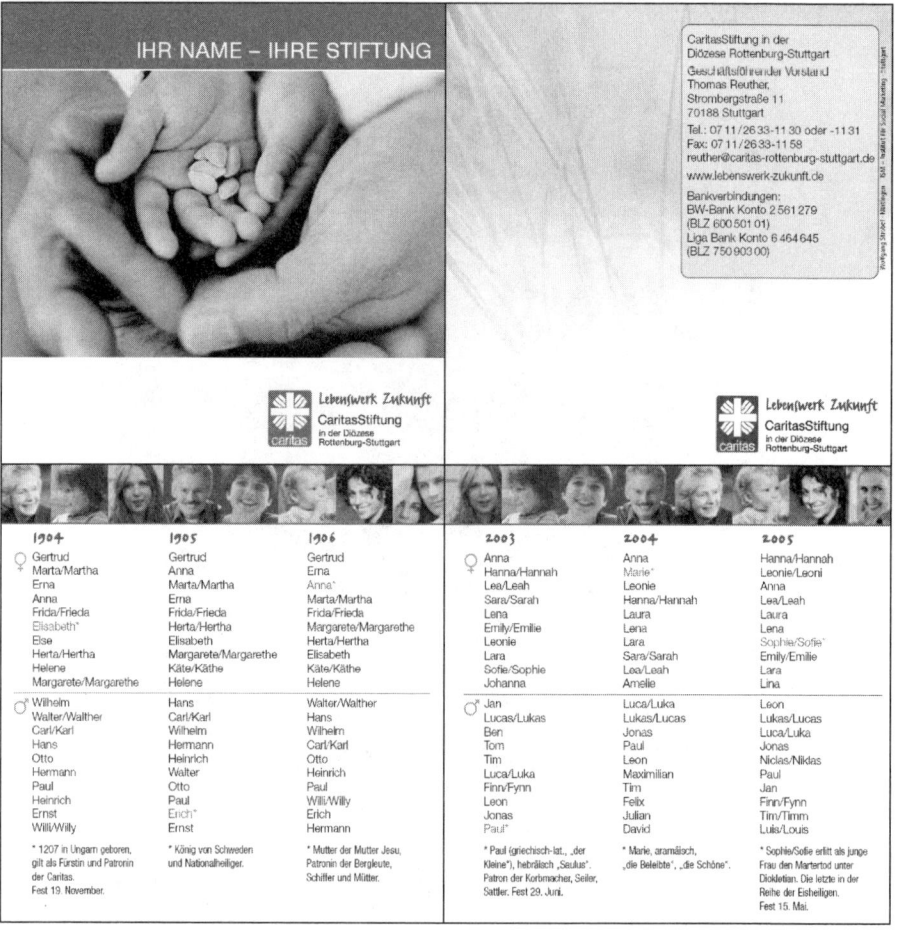

Abbildung 63: Cover und exemplarische Innenseiten Namensbüchlein »Lebenswerk Zukunft«

staltung von postalischen Werbesendungen noch im Budget liegen, wären die Kosten für eine Versendung mit hoher Auflage bereits nicht mehr zu tragen. Dennoch wurde eine eigene Direktmarketingmaßnahme der NCS »Lebenswerk Zukunft« entwickelt, welche im Rahmen von Veranstaltungen und Besprechungen direkt an Interessenten verteilt wird. Diese erste Direktmarketingmaßnahme ist ein Namensbüchlein. In diesem kleinen Büchlein werden die jeweils 10 beliebtesten weiblichen und männlichen Vornamen eines Jahrgangs (von 1904 bis 2005) aufgeführt. Dahinter steht folgende Idee: Mit der Geburt bzw. der Taufe erhält jeder Mensch von seinen Eltern seine erste und dauerhafte »eigene Stiftung« – seinen Vornamen. Namen und Stiftungen werden so auf eine neue und innovative Art und Weise in Beziehung zueinander gebracht. Aufgrund dieser Assoziation wird das Namensbüchlein direkt mit der Gründung oder der Zuwendung zugunsten einer persönlichen Namensstiftung in Verbindung gebracht. Das Namensbüchlein ist gedacht als Anregung für werdende Eltern, Großeltern und Angehörige werdender Eltern. Darüber hinaus animiert es den Leser dazu, den eigenen Namen in den Namenslisten zu suchen. Letztendlich soll das Namensbüchlein dazu aufrufen, eine Treuhandstiftung unter dem Dach der Caritas-Stiftung »Lebenswerk Zukunft« zu gründen. Das Format ist sehr handlich und dadurch leicht mitzunehmen. Es integriert sich in das vorhandene Corporate Design der Stiftung.

c) Public Relations (Öffentlichkeitsarbeit)

Die Public Relations umfasst die planmäßige Beziehungsgestaltung zwischen einem Unternehmen und seinen öffentlichen Anspruchsgruppen. Dabei verfolgt ein PR-treibendes Unternehmen das Ziel, diese öffentlichen Anspruchsgruppen im Sinne der Unternehmensziele positiv zu beeinflussen – also Image- und Kontaktpflege zu betreiben. Zielgruppen der Public Relations können die Gesamtbevölkerung, Medien, Behörden, Politiker und die Branche oder Fachwelt, Aktionäre, Bürgerinitiativen, Verbraucherschutz- oder Umweltschutzorganisationen sein.

Die NCS »Lebenswerk Zukunft« setzt das Instrument der PR (Public Relations) bisher eher passiv ein. Zwar gibt es zahlreiche Pressemeldungen und Artikel über die NCS »Lebenswerk Zukunft«, vorrangig bei Stiftungsgründungen oder dem jährlichen Stifterfest. Allerdings wird diese PR nur selten konkret geplant und eingesetzt. Im Zuge eines schrittweisen Vorgehens wird die PR künftig jedoch gezielter zum Einsatz kommen.

d) Sponsoring

Sponsoring umfasst Aktivitäten zur Förderung von Personen oder Organisationen und tritt häufig in den Bereichen Sport, Soziales, Kultur und Umwelt auf. Der Sponsor stellt Geld, Sachmittel oder Know-how zur Verfügung und verlangt als

Gegenleistung in der Regel eine gezielte Maßnahme zur Erreichung eigener Kommunikationsziele. Häufig wird dies über die Platzierung des Unternehmenslogos beispielsweise auf dem Trikot eines Sportlers oder im Programmheft einer gesponserten kulturellen Veranstaltung etc. erreicht.

Ebenso wie das Instrumentarium der PR kommt das Sponsoring innerhalb der Stiftung »Lebenswerk Zukunft« noch nicht gezielt zum Einsatz. Die Stiftung könnte jedoch sowohl als möglicher Sponsor als auch als Empfänger von Sponsorenleistungen in Frage kommen.

6 Anwendungsschritt 7: Die Erfolgskontrolle

Die Erfolgskontrolle basiert auf der Überprüfung, ob die gesetzten Ziele erreicht wurden. Es wird sozusagen ein Soll-Ist-Vergleich vorgenommen. Um diesen Vergleich durchführen zu können, werden geeignete Erhebungsmethoden sowie ein gut funktionierendes Dokumentations- und Informationssystem benötigt.

Teil III der vorliegenden Publikation befasst sich im Schwerpunkt mit den kommunikationspolitischen Maßnahmen, die wiederum einen entscheidenden Beitrag zur Zielerreichung der NCS leisten. Die Kontrolle der Kommunikationswirkung, d. h. die Überprüfung, ob die Kommunikation erfolgreich war, wird in zwei Kategorien gemessen. Zum einen spielt der quantitative (ökonomische oder numerische) Erfolg eine entscheidende Rolle, zum anderen der qualitative (außerökonomische) Erfolg.

Quantitativer Erfolg

Die Messung des quantitativen Erfolges ist leicht zu realisieren: Stimmen die erwarteten Stiftungsgründungen und die damit verbundenen Prognosen des Stiftungskapitals mit dem tatsächlich erreichten Ergebnis überein? Kann dies positiv beantwortet werden, so sind die qualitativen Ziele erreicht. Der reine Zielerreichungsgrad sagt allerdings noch nichts darüber aus, ob man aufgrund der Entwicklung mit diesem Ergebnis zufrieden sein kann. Er zeigt lediglich, ob die gesetzten Ziele erreicht wurden.

Die Ergebnisse des **quantitativen Zielerreichungsgrades** der NCS stellen sich wie folgt dar: Seit der Gründung der NCS im September 2003 errichteten insgesamt 33 Stifterinnen und Stifter ihre persönliche Namensstiftung unter dem Dach der NCS »Lebenswerk Zukunft« (Stand April 2006). Das anfänglich von der Stifterin eingebrachte Stiftungsvermögen der Dachstiftung »Lebenswerk Zukunft« und der unter dieser Dachstiftung gegründeten Treuhandstiftungen hat sich in dieser Zeitspanne ungefähr verfünffacht. Zahlreiche Beratungsanfragen sind mit steigender Tendenz zu verzeichnen.

Dieses quantitative Ergebnis übertrifft bei Weitem die bei der Gründung gesetzten Erwartungen.

Qualitativer Erfolg

Bei der Kontrolle der qualitativen Ziele ist ein exakter Soll-Ist-Vergleich nur schwer zu realisieren bzw. messbar. Anhand der zu Beginn gestellten qualitativen Zielsetzung der Stiftung soll dies veranschaulicht werden.

Ziel von »Lebenswerk Zukunft« bei Stiftungsgründung war es, die Stiftung als positiv-motivierende Stiftungsmarke in den relevanten Zielgruppen zu platzieren und Akzeptanz schaffen. Eine Kontrolle dieses qualitativen Ziels, in diesem Falle die Kontrolle des psychologischen Werbeerfolges, kann durch eine Messung der Aufmerksamkeitswirkung erreicht werden. Dies lässt sich beispielsweise durch Beobachtungen im Labor, Befragungen in der Zielgruppe oder durch so genannte Identifikationstests durchführen. Diese Methoden der qualitativen Erfolgsmessung werden im Rahmen dieser Arbeit nicht weiter ausgeführt, da sie auch bei der Erfolgsmessung für die Stiftung »Lebenswerk Zukunft« nicht zum Einsatz kommen und ihnen jedoch in der künftigen Planung noch keinerlei Relevanz zugemessen wird.

Der quantitative Erfolg (im Fall der Stiftung »Lebenswerk Zukunft« beispielsweise die Anzahl der gegründeten Stiftungen unter ihrem Dach) ist wiederum wesentlich einfacher messbar als der qualitative Erfolg. Aufgrund des quantitativen Erfolgs lassen sich indirekt auch Rückschlüsse auf **die Erreichung qualitativer Erfolge** ziehen.

Das vorgestellte Konzept des »Social Marketingprozesses« für die Stiftung »Lebenswerk Zukunft« zeigt: Social Marketing hilft, unternehmerische Ziele besser und schneller zu erreichen. Social Marketing ist allerdings unabdingbar als ständiger Prozess, sozusagen als ständiger Begleiter der unternehmerischen Tätigkeit, zu betrachten. Zielsetzungen müssen sich an der Vision ausrichten und dennoch flexibel veränderbar sein. Dementsprechend muss auch die Strategie auf diese neuen Zielsetzungen ausgerichtet werden können. Gleiches gilt für die Festlegung des Marketing-Mix sowie die konkreten Umsetzungen innerhalb der Realisierungsphase werblicher Maßnahmen.

Schlussbemerkungen

Die Methoden des Social Marketing helfen sozialen Organisationen, sich auf dem Markt der Öffentlichkeit intentionsgenau zu positionieren und dies mit entsprechenden Strategien zu realisieren. Solches hilft den betreffenden Organisationen und ihren sozialen Anliegen, das hilft aber auch dem Markt der Öffentlichkeit, weil der Markt durch die Belieferung durch diese Organisationen erst seine dienliche Funktion für das Zusammenleben in einer Gesellschaft entwickeln kann. So gesehen stellt das Social Marketing die Werkzeuge zur Verfügung, um die Öffentlichkeit als diskursives Dialogforum eigentlich erst zu ermöglichen. Wir sehen Social Marketing also nicht nur in seiner instrumentellen Funktion für soziale Organisationen, sondern allgemein in seiner gesellschaftsdienlichen Funktion.

Wir knüpfen auch an die Überlegungen der Pastoralinstruktion »Communio et Progressio« Papst Paul VI. aus dem Jahre 1971 an. Dieses päpstliche Schreiben sieht die Dimension der Öffentlichkeit als Zentraldimension für gesellschaftliches Zusammenwirken und Entwicklung. Es wird gefragt: Welche anderen Möglichkeiten gibt es, im Für und Wider der unterschiedlichen Meinungen und Ansichten in einer Gesellschaft, die für die Menschen zu dieser Zeit und in der betreffenden Problemstellung adäquatesten Lösungsansätze zu finden, wenn nicht über das Forum der Öffentlichkeit? Hier können und müssen die unterschiedlichen Einschätzungen um den Vorrang ringen und zwar – idealtypisch – nur über die Kraft der Argumente. Dazu ist es unabdingbar, dass auf dem Forum der Öffentlichkeit auch alle notwendigen Meinungen zu Wort kommen können und keine ausgegrenzt sind. So gesehen stellt die Öffentlichkeit einen Runden Tisch dar, an dem alle Anliegen Kraft, Wichtigkeit und Bedeutung ihren Platz einnehmen und keine relevante Meinung, aus welchen Gründen auch immer, außen vor bleibt. An diesem Tisch kann dann das Gespräch der Gesellschaft mit sich selbst und über sich selbst vonstatten gehen. Auch bedingt die Funktion des Runden Tisches, dass niemand Kraft Amtes oder Kraft machtgestützter Pressionen den Vorsitz an diesem Tisch übernehmen darf, sondern nur Kraft der besseren Argumente. Soll diese dienliche Funktion der Öffentlichkeit ermöglicht werden, dann müssen alle gesellschaftlichen Gruppen und Anliegen, die für eine Gesellschaft wichtig sind, (potentiell) gleichberechtigt am Runden Tisch ihren Platz bekommen.

Und hier setzt das Social Marketing ein: Social Marketing kann solchen Gruppen und Anliegen helfen, ihre berechtigten Intentionen professionell »gleichberechtigt« auf den Markt der Öffentlichkeit zu bringen, um nicht schon von vorne herein gegenüber denjenigen Belieferern des Marktes der Öffentlichkeit in das Hintertreffen zu geraten, die die Methoden der Werbung und der PR professionell beherrschen.

Wir sagten: Nur wenn das Forum der Öffentlichkeit gerecht besetzt ist, ist die Überlebensfähigkeit einer Gesellschaft als Demokratie gesichert. So gesehen ist das Social Marketing nicht nur Zentraldimension für die Konstituierung einer Gesellschaft, sondern gerade auch für die Demokratiefähigkeit einer Gesellschaft. Social Marketing bietet daher nicht nur die Werkzeuge für die Profilierung sozialer Organisationen, sondern auch für das Funktionieren einer Gesellschaft. So ist die Überlebensfähigkeit einer Gesellschaft als Demokratie gesichert.

Literaturverzeichnis

Andresen, T.: Brennpunkt Markenführung, Beitrag beim 2. icon Kongress, Nürnberg 1994.

Badelt, Ch. (Hrsg.): Handbuch der Nonprofit-Organisation. Strukturen und Management, 3. Auflage, Stuttgart 2002.
Das »Handbuch der Nonprofit Organisation« gibt eine kompakte Einführung in die gesellschaftliche und wirtschaftliche Bedeutung des Nonprofit-Sektors in Deutschland, Österreich und der Schweiz. Darüber hinaus liegt der Schwerpunkt der Ausführungen auf konkreten Hinweisen für die Implementierung und Adaption betriebswirtschaftlicher Methoden in NPO. Abgerundet wird der Band durch Beiträge zur Ehrenamtlichkeit, zur Qualitäts- bzw. Leistungsmessung, zur Beziehung NPOs und EU sowie zu den aktuellen Entwicklungsperspektiven des NPO-Sektors.
Beiträge:
- Anheier, K.; Seibel, W.; Priller, E.; Zimmer, A.,: Der Nonprofit Sektor in Deutschland.
- Badelt, Ch.: Ausblick: Entwicklungsperspektiven des Nonprofit Sektors.
- Horak, Ch.; Heimerl, P.: Management von NPOs – eine Einführung.

Bauer, R.: Intermediäre Nonprofit-Organisationen in einem neuen Europa, Berlin 1993.
Der vorliegende Band erschließt einen soziologischen Zugang zur Analyse und zum kritischen Verständnis derjenigen Strukturen, innerhalb derer sich Soziale Arbeit praktisch vollzieht: einerseits innerhalb institutionell-organisatorischer Strukturen, andererseits im gesellschaftlichen Kontext der aktuellen europäischen Entwicklung.
Beitrag:
- Anheier, H.K.; Salomon, L.M.: Die internationale Systematik der Nonprofit-Organisationen.

Beatty, J.: Die Welt des Peter Drucker. Aus dem Engl. von Friedrich Mader, Frankfurt/Main 1998.
Das vorliegende Buch bietet die Möglichkeit, sich mit den zentralen Ideen Peter Druckers vertraut zu machen. Das Buch betont Druckers Anliegen, dass die Leser das Management als eine Institution betrachten, über die zu schreiben und zu lesen sich lohnt.

Becker, J.: Marketingkonzeption. Grundlagen des zielstrategischen und operativen Marketing-Managements, 7. Auflage, München 2002.
Dieses Standardwerk des Konzeptionellen Marketing behandelt konsequent, vollständig und differenziert alle Marketingentscheidungen entlang der konzeptionellen Kette: Mar-

ketingziele, Marketingstrategien, Marketingmix – einschließlich des gesamten Marketing-instrumentariums. Die Neuauflage berücksichtigt alle wichtigen aktuellen Themen des Marketing, u. a. Internet-Marketing und E-Commerce, Kundenzufriedenheit und Kunden-bindung, Beziehungsmarketing bzw. Customer Relationship Management.

Behrent, M.; Wieland, J. (Hrsg.): Corporate Citizenship und strategische Unternehmenskommunikation in der Praxis, München und Mering 2002.
Dieser Sammelband entstand im Rahmen der Jahrestagung 2002 des Deutschen Netzwerks Wirtschaftsethik (DNWE). Die Tagung beschäftigte sich mit dem Begriff Corporate Citizenship. Der Sammelband verdeutlicht die Vielschichtigkeit des Begriffes und zeigt ihn als Bezeichnung eines pragmatischen Managementkonzeptes in komplexen Spannungsfeldern. Die verschiedenen Autoren gewähren einen Einblick, wie dies für ihre Unternehmen bzw. Institutionen erfolgt.
Beitrag:
* Kleinert M.: Globalisierung sozial verantwortlich gestalten.

Berelson, B.; Janowitz, M. (Hrsg.): Reader in Public Opinion Communication, 2nd Edition, New York und London 1967.
Beitrag:
* Lasswell, H. D.: The Structure and Function of Communication in Society.

Bodenstein, G.; Spiller, A.: Marketing. Strategien, Instrumente und Organisation. Landsberg und Lech 1998.
In kompakter Form werden in diesem Buch die Bausteine des Marketing von der Analyse der strategischen Ausgangslage bis zur Kontrolle und Organisation behandelt. Schwerpunkte der Darstellung sind die in den letzten Jahren verstärkt in das Marketing integrierten strategischen Elemente und das Marketinginstrumentarium. Das Buch bietet eine Einführung in bewährte und neue Theorien des Fachs. Die verschiedenen Methoden werden in einem praxisorientierten Kontext vorgestellt und bewertet.

Bruhn, M.: Marketing für Nonprofit-Organisationen. Grundlagen – Konzepte – Instrumente, Stuttgart 2005.
Das Buch überträgt nicht nur das klassische Marketing auf nicht-kommerzielle Institutionen, sondern zeigt einen eigenständiger Ansatz auf. Zunächst werden die Besonderheiten von Nonprofit-Organisationen herausgearbeitet und dann die zentralen Aufgaben bei der Planung, Organisation, Durchführung und Kontrolle eines Marketingprozesses entwickelt. Abschließend wird auf Probleme bei der Strategieimplementierung eingegangen, denen über eine Anpassung der organisatorischen Struktur, Systeme und Kultur begegnet werden kann.

Bruhn, M.: Sponsoring, 3. Auflage, Wiesbaden 1998.
Dieses Standardwerk bietet eine entscheidungsorientierte Darstellung der einzelnen Facetten des Sponsoring sowie Fallbeispiele, Schaubilder und Zahlen als Rüstzeug für die

Praxis. Die vorliegende Auflage vermittelt einen Einblick in die unzähligen Möglichkeiten einer individuellen Nutzung und in die systematische Planung und Umsetzung des Sponsoring in der Unternehmenskommunikation. Insbesondere wird auf die Entscheidungstatbestände, Einsatzmöglichkeiten und Erfolgsvoraussetzungen des TV-Programmsponsoring eingegangen.

Bruhn, M.; Mehlinger, R.: Rechtliche Gestaltung des Sponsoring – Sport-, Kultur-, Sozial-, Umwelt- und Programmsponsoring, Band 2, Spezieller Teil, München 1994.
Ziel dieses Bandes ist es, Sponsoren und Gesponsorten sowie anderen Beteiligten Hilfestellungen bei der rechtlichen Gestaltung in den verschiedenen Einzelfeldern des Sponsoring zu geben. Neben der Darstellung der Motive und Erscheinungsformen des Umweltsponsorings werden steuerrechtliche und wettbewerbsrechtliche Fragen diskutiert. Eine Reihe von Beispielen für Verträge und Vereinbarungen im Umweltsponsoring runden die Thematik ab.

Bruhn, M.; Tilmes, J.: Social Marketing. Einsatz des Marketing für nichtkommerzielle Organisationen, 2. Auflage, Stuttgart 1994.
Das Buch widmet sich dem Marketing von sozialen Organisationen, das – in Anlehnung an die angloamerikanische Literatur – als Social Marketing bezeichnet wird. Dem Leser wird ein Einblick in den Entwicklungsstand des Social Marketing in Wissenschaft und Praxis gegeben. Neben der Typologisierung verschiedener sozialer Organisationen und der Darlegung konzeptioneller Vorgehensweisen liegt der Schwerpunkt im Einsatz von Marketing-Instrumenten im Social Marketing. Fragen nach der Durchsetzung von Marketingprogrammen (Organisation, Personal, Kontrolle) runden das Buch ab. Zahlreiche Beispiele dokumentieren die praktisch Umsetzung des Marketing für soziale Organisationen.

Bundesverband Deutscher Stiftungen: Stiftungen in Zahlen – Errichtung und Bestand rechtsfähiger Stiftungen des Bürgerlichen Rechts in Deutschland im Jahr 2005, Berlin 2006.

Bundesverband Deutscher Stiftungen: Zahlen, Daten, Fakten zum deutschen Stiftungswesen, Darmstadt und Hoppenstedt 2000.

Bundesverband Deutscher Stiftungen: Deutsche Stiftungen 3/2000, Berlin 2000.
Beitrag:
• Röder, H. U.: Unter dem Dach der Kirche.

Carell, E.: Allgemeine Volkswirtschaftslehre. Hochschulwissen in Einzeldarstellungen, Heidelberg 1972.

CD Manual, Stand 22. 12. 2005, Caritasverband der Diözese Rottenburg-Stuttgart, Stuttgart 2005.

Diller, H. (Hrsg.): Vahlens großes Marketing-Lexikon, München 1992.
Dieses Buch ist geballtes Marketingwissen mit über 4.000 Fachbegriffen und zahlreichen Abbildungen, Tabellen und Diagrammen. »Vahlens Großes Marketing Lexikon« bietet das Know-how für ein effizientes Marketing-Management.
Beiträge:
- Brockhoff, K.: Positionierungsstrategie.
- Kramer, S.: Corporate Design.
- Mühlbacher, H.: USP.

Dörrbecker, C.; Fissenewert-Goßmann, R.: Wie Profis PR-Konzeptionen entwickeln. Das Buch zur Konzeptionstechnik, IMK (Institut für Medienentwicklung und Kommunikation GmbH), Frankfurt/Main 1996.
Die Qualität von Public Relations hängt ab von der Qualität der Konzeptionen. Diese wiederum zeichnen sich durch exakte Planung und zielführende Kreativität aus. Das Institut für Medienentwicklung und Kommunikation zeigt im vorliegenden Buch ein geschlossenes System der stufenweisen Entwicklung von Konzeptionen auf, welches durch die Dokumentation agentur- und institutsinterner Materialien ergänzt wird.

Erhard, L.: Wohlstand für Alle, Neudruck der Ausgabe von 1957, 2. Auflage, Düsseldorf 1990.
Ludwig Erhards Thesen zur »Freiheit und zum Wettbewerb in der Wirtschaft« weisen auch heute noch verblüffende Aktualität auf. Dieses Buch ist eine Reise in die Wunderwelt der deutschen Wirtschaftsgeschichte, der Klassiker der sozialen Marktwirtschaft.

Fachhochschule Heilbronn: Der Seniorenmarkt und seine Veränderungen, Marktstudie, Heilbronn 2004.

Fisher, R.; Uy, W.; Patton, B.: Das Harvard-Konzept. Sachgerecht verhandeln – erfolgreich verhandeln, 19. Auflage Frankfurt und New York 2000.
Das Harvard Konzept« ist ein Standardwerk der Verhandlungstechnik. Di Autoren bieten mit diesem gut verständlichen und praktisch umsetzbaren Buch einen Leitfaden an, der zeigt, wie eine Win-Win-Strategie funktioniert. Die Autoren vermitteln ein Konzept aus einfachen, aber wirkungsvollen Ideen.

Forum Medienethik 1/2003, Kommunikationsmacht Marketing – Markenpolitik als Prinzip öffentlicher Medienkommunikation?, München 2003.
Beitrag:
- Koziol, K.: Markt, Moral und Markenbildung. Gemeinwohlorientierung als Markenzeichen öffentlicher Kommunikation

Fritz, W.: Marktorientierte Unternehmensführung und Unternehmenserfolg, Stuttgart 1992.
In der Betriebswirtschaftslehre wird die unternehmenspolitische Rolle des Marketing seit langem sehr unterschiedlich beurteilt. Dieses Buch belegt auf breiter empirischer Basis,

dass die Marktorientierung eines Unternehmens im Zusammenwirken mit anderen Faktoren der Unternehmensführung zum Unternehmenserfolg wesentlich beiträgt. Darüber hinaus werden jene Bedingungen ermittelt, unter denen Unternehmen vom Marketing besonders profitieren, sowie jene, unter denen sie Gefahr laufen, das Erfolgspotenzial der Marktorientierung zu übersehen.

Gadamer, H.-G.: Hegels Philosophie und ihre Nachwirkungen bis heute, Vernunft im Zeitalter der Wissenschaft, Frankfurt/Main 1991.
Über das Philosophische in den Wissenschaften und die Wissenschaftlichkeit der Philosophie.

Gemeinschaftswerk der Evangelischen Publizistik (Hrsg.): Öffentlichkeitsarbeit für Nonprofit Organisationen, Wiesbaden 2005.
Öffentlichkeitsarbeit spielt auch in Nonprofit-Organisationen eine zunehmend wichtige Rolle. Erfahrene und kompetente Dozenten und Praktiker aus dem Umfeld Öffentlichkeitsarbeit vermitteln ein breites Basiswissen und ein umfassendes Verständnis für die grundlegenden Strukturen und aktuellen Entwicklungen des Sozialmarketing. Die vorgestellten Instrumente und Methoden sind den komplexen Strukturen von Nonprofit-Organisationen angepasst und werden leicht verständlich und praxisorientiert präsentiert.
Beiträge:
- Fuhr, E.: Grundlagen der Gestaltung.
- Kapp-Barutzki, U.: Direktmarketing.
- Lenz, T.: Grundlagen der Online-Kommunikation für NPO.
- Unger, Fritz: Mediaplanung.

Grosser, D.; Lange, Th.; Müller-Armack, A.; Neuss, B.: Soziale Marktwirtschaft. Geschichte – Konzepte – Leistung. Stuttgart 1988.
Dieses Buch stellt die Konzeption der Sozialen Marktwirtschaft dar. Dabei werden nicht nur die wirtschaftspolitischen Empfehlungen der »Gründerväter« Eucken, Müller-Armack, Erhard, betrachtet. Im Abschnitt »Die Wirklichkeit der Wirtschaftsordnung« geht es darum, die wichtigsten ordnungspolitischen seit 1948 nachzuzeichnen. Hier steht die Realität, nicht das Modell im Mittelpunkt. Den größten Teil des Buches nehmen die Analysen zu den Erfolgen und Misserfolgen der Wirtschafts- und Sozialpolitik der vergangenen vier Jahrzehnte ein. Den Problemkreisen des Umweltschutzes und der internationalen Wettbewerbsfähigkeit sind besondere Untersuchungen gewidmet.

Haibach, M.: Handbuch Fundraising, 2. Auflage, Frankfurt und New York 2002.
In Zeiten defizitärer öffentlicher Haushalte sind gemeinnützige Initiativen und Vereine immer stärker auf private Gelder angewiesen. Das Buch gibt einen ausführlichen Überblick über den Fundraising Markt und stellt anhand zahlreicher Beispiele die gängigsten Fundraising Methoden und -Instrumente vor.

Hemel, U.: Wert und Werte. Ethik für Manager – Ein Leitfaden für die Praxis, München 2005.
Wirtschaft und Ethik gehören zusammen. Das sagen alle Manager – in ihren Sonntagsreden. Aber Ethik tut weh: Darf ein Manager einen Unternehmensstandort schließen, der

nicht so profitabel arbeitet wie ein anderer? Muss er es, wenn dadurch das Unternehmen als Ganzes wettbewerbsfähiger wird? Dar er in einem Land produzieren, das Kinderarbeit toleriert? Lässt sich die Trennung von einem schwachen Mitarbeiter verantworten, der in die sicherer Arbeitslosigkeit entlassen wird?

Hof, H.; Hartmann, M.; Richter, A.: Stiftungen. Errichtung – Gestaltung – Geschäfts-tätigkeit, München 2004.
Stiftungen errichten, gestalten und führen. Dieser Ratgeber beschreit die unterschiedli-chen Gestaltungen von Stiftung und ihre rechtliche Bedeutung einschließlich wirtschaftli-cher – insbesondere steuerlicher – Fragen. Die in den meisten Bundsländern bestehenden modernen Stiftungsgesetze sind eingehend berücksichtigt. Das Buch erschließt jedem In-teressierten die Möglichkeiten und Vorteile einer attraktiven Rechtsform.

Hohn, B.: Internet-Marketing und -Fundraising für Nonprofit-Organisationen, Wies-baden 2001.
Die Promotionsschrift von Dr. Bettina Hohn wendet sich in vertiefender Weise dem The-menfeld »Internet-Marketing und -Fundraising für Nonprofit-Organisationen« und liefert wichtige Hintergrundinformationen. Sie beleuchtet vor dem Hintergrund einer NPO-Mar-ketingkonzeption Fundraising einerseits als Ressourcenbeschaffung, andererseits als ab-satzorientierte Dienstleistung einer NPO. Zudem wird auf theoretische und empirische Er-kenntnisse des Spenderverhaltens eingegangen und damit das Verhalten der Fundraising Zielgruppen näher beschrieben und z. T. erklärt. Die Analyse des Nonprofit-Marketing und -Fundraising im Internet bildetet einer weiteren Schwerpunkt.

Homburg, C.; Krohmer, H.: Marketingmanagement. Strategie – Instrumente – Umset-zung – Unternehmensführung, Wiesbaden 2003.
Die Autoren vermitteln Studierenden und Praktikern einen umfassenden Überblick der wichtigen Fragestellungen und Inhalte in Marketing und Vertrieb. Eine umfassende theo-retische Fundierung, bei der auf verschiedene Forschungsgebiete zurückgegriffen wird, unterstützt das tiefergehende Verständnis der vermittelten Inhalte. Eine kritische quanti-tative Orientierung fördert das strukturierte und präzise Durchdenken der aufgezeigten Fragestellungen, wobei die Autoren auch die Grenzen der Unterstützung von Marketing-entscheidungen durch quantitative Modelle aufzeigen.

Media & Marketing. Ausgabe 8–9/2001, München 2001.
Beitrag:
• Hölzel, B.: Mit 66 Jahren fängt der Konsum erst an.

imug, Institut für Markt-Umwelt-Gesellschaft e. V.: Themenspot Verbraucher und Corporate Social Responsibility, Ergebnisse einer bundesweiten repräsentativen imug-Mehrthemenumfrage, Hannover 2003.

Instruments & Effects: Finanzierungsinstrumente zur Stabilisierung von Organisatio-nen des Dritten Systems« gemäß Art. 6 Verordnung »Lokale Beschäftigungsstrategien

und Innovation« des Europäischen Sozialfonds, Bestandsaufnahme der Finanzierungsstrukturen und Beschäftigungssituation von Organisationen aus den Bereichen Soziales, Kultur, Umwelt und Sport Ergebniszusammenfassung I, Göttingen 2003.

Jenks, S.; North, M.; Walter, R. (Hrsg.): Wirtschafts- und Sozialhistorische Studien. Band 4, Köln 2003.
Dieses Buch erschließt in leicht lesbarer Form die deutsche Wirtschaftsgeschichte vom Zeitalter des Merkantilismus bis zur Gegenwart. In elf chronologisch aufeinanderfolgenden Kapiteln werden die wesentlichen Grundzüge der Wirtschaftsgeschichte in diesem Zeitraum strukturiert und prägnant dargelegt. Die Darstellung bietet einen umfangreichen Stoff gerafft und selektiv dar. Jedem Kapitel folgen zur Vertiefung und Ergänzung die wichtigsten Literaturempfehlungen sowie eine Reihe von Kontroll- und Wiederholungsfragen. Beitrag:
• Walter, R.: Wirtschaftsgeschichte. Vom Merkantilismus bis zur Gegenwart.

Kaplan, R.; Norton, D.: Balanced Scorecard. Strategien erfolgreich umsetzten, Stuttgart 1997.
Der Grundgedanke der Balanced Scorecard liegt in der strategischen Dimension von Kosteninformationen. Dabei ist die Balanced Scorecard nicht – wie manchmal missverstanden – ein neues Kennzahlensystem, das auch nicht finanzielle Kennzahlen integriert, sondern ein Managementsystem. Es hat die Funktion, den gesamten Planungs-, Steuerungs- und Kontrollprozess der Organisation zu gestalten. Durch die vernetzte Mehrdimensionalität der Steuerungsgrößen werden finanzielle Symptome mit den dahinterliegenden Ursachen verknüpft.

Kotler, P.: Social Marketing, in: Journal of Marketing, Chicago 1971.

Kotler, P.; Andreasen, A.: Strategic Marketing, 6. Auflage, New Jersey 2003.
This sixth edition of Strategic Marketing for Nonprofit Organizations marks a major change in the way in which nonprofit marketing is conceived and applied. This book seeks to position marketing as the most critical discipline needed for nonprofit success. It argues that success ultimately requires the influencing of the behavior in a wide range of key target markets–clients, fenders, polity makers, volunteers, the media as well as the nonprofit's own staff. Marketers are the »behavioral influence business.«

Kotler, P.; Bliemel, F.: Marketing-Management. Analyse, Planung und Verwirklichung, 10. Auflage, Stuttgart 2001.
Das Marketing steht im neuen Jahrtausend vor einem gewaltigen Umbruch. Durch die weltweite Verbreitung des Internet ergeben sich ganz neue Formen der Markenführung, der Kundengewinnung und -pflege sowie des Absatzes von Waren und Dienstleistungen. Die überarbeitete und aktualisierte 10. Auflage trägt diesen wesentlichen Neu- und Weiterentwicklungen in Theorie und Praxis des Marketing Rechnung und verfolgt das bewährte Konzept vorhergehender Auflagen weiter. Dabei stellen die Autoren die gesamte Disziplin aktuell, umfassend, handlungsorientiert und branchenübergreifend dar. Zahlrei-

che informative und unterhaltsame Beispiele und Exkurse zu Strategien, Konzepten und Verhaltensweisen verdeutlichen und illustrieren die theoretischen Sachverhalte.

Koziol, K.: Die Markengesellschaft, Wie Marketing Demokratie und Öffentlichkeit verändert, Konstanz 2006.
Vor allem aus soziologischer Sicht sollen in diesem Band die Probleme benannt werden, die durch den Zwang von Markenbildung, auch und gerade bei sozialen Institutionen, entstehen. Nur das Wissen um solche negativen Eiflussfaktoren ermöglicht Markenbildung in sozialer und dialogischer Intention – eine Notwendigkeit, um wiederum den Markt in seiner sozialen und dialogischen Leistung zu profilieren.

Krzeminski, M.; Neck, C.: Praxis des Social Marketing. Erfolgreiche Kommunikation für öffentliche Einrichtungen, Vereine, Kirchen und Unternehmen, Frankfurt am Main 1994.
Soziales Marketing wird in diesem Buch als ein Konzept der Unternehmensführung vorgestellt, dass sowohl für Nonprofit-Organisationen, wie öffentliche Einrichtungen, Vereine und Kirchen, als auch für Wirtschaftsunternehmen an Bedeutung gewinnt. In achtzehn Beiträgen und Berichten aus der Praxis wird der Einsatz von Instrumenten des Social Marketing für die unterschiedlichsten Organisationsziele anschaulich dargestellt. Das Buch bietet Informationen und Orientierungshilfe für Berufspraktiker ebenso wie für Studierende, die sich auf eine Tätigkeit im Feld der Wirtschafts- und Gesellschaftskommunikation vorbereiten.
Beitrag:
- Krzeminski, M.; Neck, C.: Social Marketing. Ein Konzept für die Kommunikation von Wirtschaftsunternehmen und Nonprofit-Organisationen.

Kroeber-Riehl, W.; Weinberg, P.: Konsumentenverhalten, 6. Auflage, München 1996.
Dieses Buch beschäftigt sich mit der Erklärung und Beeinflussung des Konsumentenverhaltens. Es bietet einen Überblick über theoretische Ansätze und empirische Ereignisse der Konsumentenforschung.

Lang, F.: Die Marketing-Konzeption. Einfach und systematisch. Visionen und Ziele in Markterfolge umsetzen, Berlin 2000.
Verkaufserfolge sind planbar! Schritt für Schritt wird hier der Weg zu einer Marketingkonzeption gewiesen, die flexibel und nachvollziehbar zugleich ist. Angestrebt werden ganzheitliche, im Team erarbeitete Lösungen: Zielvorgaben, die für jeden verständlich und kontrollierbar sind; Stärken gezielt ausbauen, Schwächen eliminieren; Werbung, die den Stil des Unternehmens vermittelt, Mit Chancen-Risiko-Auswertung und Unternehmensprofilanalyse.

Lang, R.; Haunert, F.: Handbuch Sozial-Sponsoring. Grundlagen, Praxisbeispiele, Handlungsempfehlungen, Weinheim 1995.
Die Beschaffung zusätzlicher Mittel und die Entwicklung ihrer sozialen Kommunikation werden für soziale Organisationen immer bedeutsamer. Das erste Handbuch zum Thema

fasst alle relevanten Informationen übersichtlich und für die Praxis aufbereitet zusammen: Was ist Sozial-Sponsoring? Wer ist an Sozial-Sponsoring-Projekten beteiligt? Was ist zu beachten und zu tun? Die praktischen Handlungsempfehlungen erschließen auch kleineren Institutionen die Anwendung des Instruments.

Linxweiler, R.: BrandScoreCard – Ein neues Instrument erfolgreicher Markenführung, Groß-Umstadt 2001.
Basierend auf dem Balanced Scorecard Ansatz von Kaplan und Norton, wurde von den Autoren ein neuer Scorecard Ansatz für die moderne Markenführung entwickelt. Dieses Modell stellt die Marke als obersten Erfolgsfaktor des Unternehmens in den Mittelpunkt aller Betrachtungen und zeigt, wie durch die BrandScoreCard ein integriertes, flexibles System für das Management von Marken mit wenigen prägnanten Kennzahlen möglich wird.

Linxweiler, R.: Marken-Design – Marken entwickeln, Markestrategien erfolgreich umsetzen, Wiesbaden 1999.
Dieses praxisorientierte Buch beschreibt, wie Designer und Markenmanager systematisch die Erfolgsfaktoren ihrer Marke ermitteln und in ansprechendes Brand-Design umsetzen. Ausführungen zu Markenmodellen und der Balanced Scorecard sind ebenso Inhalt wie der Ansatz der Semiotik in der Markenführung und die Markenführung mittels neuer Medien.

Ludwig-Erhard-Stiftung: Zeitschrift: Orientierungen zur Wirtschafts- und Gesellschaftspolitik, Bonn 2001.
Beitrag:
• Wünsche, H. F.: Was ist eigentlich »soziale Marktwirtschaft«? Inspektion eines Begriffswirrwarrs.

Luthe, D.: Fundraising. Fundraising als beziehungsorientiertes Marketing, Augsburg 1997.
Fundraising – als Beschaffung von Ressourcen für die Arbeit von gemeinnützigen Organisationen – ist im wesentlichen ein systematischer und kontinuierlicher Prozess des Aufbaus und der Gestaltung von Beziehungen. Die Studie reflektiert Diskussionen und Zahlen zur Situation des Fundraising in Deutschland und beleuchtet die vielfältigen individuellen Beweggründe für das freiwillige Geben von Geld, Zeit oder anderen Ressourcen. Erfolgreiche Kommunikation zwischen Gebern und Nehmern, zwischen Menschen innerhalb und außerhalb von gemeinnützigen Organisationen, wird als Austauschprozess im Rahmen eines beziehungsorientierten Marketing vorgestellt.

Maelicke, B.: Qualitätsmanagement in sozialen Betrieben und Unternehmen, Baden-Baden 1996.
Qualitäts- und Kostenfragen sozialer Dienstleistungen standen im Mittelpunkt der sozialpolitischen Diskussion gegen Ende der 90er Jahre. Welche Dienste und Einrichtungen werden bei zurückgehenden finanziellen und personellen Ressourcen überleben, sind dem

steigenden Druck des Wettbewerbs gewachsen? Wie lässt sich Dienstleistungsqualität überprüfbar feststellen, welche Erfahrungen liegen in den verschiedenen Arbeitsfeldern der Sozialbranche vor? Qualitätssicherung und -steigerung ist die zentrale Aufgabe des Management sozialer Betriebe und Unternehmen.

Martin, J.; Wiedemeier, F.: Die besten Stiftungszwecke. 75 Ideen für soziale, ökologische und kulturelle Stiftungen, Regensburg und Berlin 2003.
Gutes tun für sich und andere. Praxisnah stellt dieses Handbuch die vielfältigen Möglichkeiten des Instruments Stiftung vor und gibt leicht nachvollziehbare Tipps, wie eine Stiftung errichtet werden kann – einschließlich Stiftungssatzung. Gleichzeitig stellt es innovative Stiftungsideen vor.

Meffert, H.: Marketing. Grundlagen marktorientierter Unternehmensführung. Konzepte – Instrumente – Praxisbeispiele. 9. Auflage, Wiesbaden 2000.
Der für Studierende und Praktiker gleichermaßen geeignete Marketing-Klassiker enthält: Konzeptionelle Grundlagen des Marketing, Verhaltens- und Informationsgrundlagen, Aktionsgrundlagen der Marketingentscheidung, Marketingkoordination, institutionelle Bereiche des Marketing. Meffert geht insbesondere auf aktuelle Entwicklungen im Bereich der Neuen Medien und der Markenpolitik ein. Mit der Fortsetzung der VW-Studie erhält der Leser zusätzlich die Möglichkeit, die Lehrbuchinhalte am Beispiel des Marketingkonzepts des Golf IV nachzuvollziehen.

Möller, S.: Zur aktuellen Entwicklung im Stiftungszivil- und -steuerrecht am Beispiel der treuhänderischen Privatstiftung, Beitrag in: Steueranwaltsagazin, Arbeitsgemeinschaft Steuerrecht im Deutschen Anwaltverein, Ausgabe 5 /2005, Berlin 2005.

Müller, O.: Mehr als Almosen. Plädoyer für eine christliche Spendenkultur, in: Kirche und Gesellschaft, Katholische Sozialwissenschaftliche Zentralstelle, Heft Nr. 326, Mönchengladbach 2006.
Die Reihe »Kirche und Gesellschaft« will der Information und Orientierung dienen. Die Reihe behandelt aktuelle Fragen u. a. aus folgenden Bereichen: Kirche, Gesellschaft und Politik; Staat, Recht und Demokratie; Wirtschaft und soziale Ordnung; Ehe und Familie; Bioethik, Gentechnik und Ökologie; Europa, Entwicklung und Frieden.

Nährlich, S.; Zimmer, A.: Management in Nonprofit-Organisationen, Opladen 2002.
Beitrag:
• Strachwitz, R. Graf: Management und Nonprofit-Organisationen – von der Vereinbarkeit von Gegensätzen.

Neidhardt, F.: Öffentlichkeit. Öffentliche Meinung. Soziale Bewegungen, Kölner Zeitschrift für Soziologie und Sozialpsychologie, Sonderheft 34, Opladen 1994.
In diesem Band werden die Bedingungen, Strukturen und Funktionen von Öffentlichkeit beschrieben und die relevanten Öffentlichkeitsakteure (Sprecher, Medien, Publikum) untersucht. Die Analyse ihrer Interaktion ermöglicht die Bestimmung von Prozessen und Wir-

kungen öffentlicher Meinungsbildung. Dabei erfahren jene Mobilisierungen des Publikums, die sich als soziale Bewegungen formieren, besondere Aufmerksamkeit.
Beitrag:
• Peters, B.: Der Sinn von Öffentlichkeit.

OECD, Economic Outlook I/2004, Anhang, Tabelle 25 f.

Pepels, W.: Kompaktlexikon Marketing- und Kommunikation, Düsseldorf und Berlin 2000.
Profi-Wissen für Einsteiger. Das vorliegende Handbuch erfasst in 2.500 Stichwörtern alle zentralen Aspekte der Marketingkommunikation – inklusive zahlreicher Querverweise. Es zeichnet sich aus durch eine klare Darstellung, eine strikte Praxisausrichtung sowie die Berücksichtigung neuer Medien und Techniken.

Pepels, W.: Marketing, München 2004.
Das in 4. Auflage tiefgehend überarbeitete Werk »Marketing« ist umfassendes Lehrbuch und Nachschlagewerk zum gesamten Marketingbereich in einem. Aus dem Inhalt: Das Marketing als Denkhaltung. Informationen der Marketingforschung. Instrumente des Marketing-Mix. Strategien im Marketing-Management. Koordination der Marketing-Implementierung. Warentypologische Marktbesonderheiten. Funktionsspezifische Absatzbesonderheiten.

Pförtsch, W.; Schmid, M.: B2B-Markenmanagement. Konzepte – Methoden – Fallbeispiele, München 2005.
Im Zeitalter verschärften Wettbewerbs, veränderter Rahmenbedingungen und neuer Herausforderungen auf Investitions- und Industriegütermärkten steigt nicht nur das Interesse, sondern auch die Notwendigkeit zum Aufbau neuer und nachhaltiger Wettbewerbsvorteile durch Markenmanagement. In diesem Standardwerk sind zum ersten Mal alle wesentlichen B2B-Marken-Konzepte und neueste Einsichten zum Markenmanagement zusammenfassend dargestellt und mit aktuellen Fallbeispielen beschrieben.

Pohl, T. A.: Marketing in der Sozialen Marktwirtschaft. Eine Streitschrift für die Erneuerung des Marketing-Ethos, Bern, Stuttgart und Wien 2001.
Statt einer weiteren und unerträglichen Verwässerung des Marketing Vorschub zu leisten, wendet sich dieses Buch grundsätzlich und gründlich dem Marketing-Ethos zu. Es stellt und beantwortet die Frage nach Sinn und Zweck des Marketing neu. Dies gelingt jedoch nur aus der übergeordneten Perspektive der Wirtschafts- und Gesellschaftsordnung. Eine Rückbesinnung auf die Werte und Grundsätze der Sozialen Marktwirtschaft ist wichtiger denn je.

Purtschert, R.: Marketing für Verbände und weitere Nonprofit Organisationen, 2. Auflage, Basel 2005.
Auf der Basis einer Einführung ins Business- oder Profit-Marketing und einer Darstellung der besonderen Merkmale von Verbänden und weiteren Nonprofit-Organisationen (NPO)

erarbeitet Robert Purtschert systematisch die Grundlagen des NPO Marketing. In zwei vertiefenden Kapiteln entwickelt er ein Standard-Marketing-Konzept für NPO und beschreibt, wie die operative Marketing-Planung in einer NPO vor sich geht. Im Aufbau folgt dieses praxisbezogene Lehrbuch dem Freiburger Management-Modell für NPO, dessen Grundsätze es für den Marketing-Bereich ausformuliert.

Rawls, J.: Eine Theorie der Gerechtigkeit, (engl. A Theory of Justice), Frankfurt/Main 1979.

Rehrl, S.: Christliche Verantwortung in der Welt der Gegenwart, Salzburg und München 1982.
Beitrag:
- Tenbruck, F. H.: Verantwortung und Moral.

Röpke W.: Die Lehre von der Wirtschaft, Bern 1961.
Dieses Buches erleichtert dem Anfänger den Zugang zur Volkswirtschaftslehre so weit wie möglich, ohne die Schwierigkeiten der Zusammenhänge zu verbergen. Sorgfältig wird angegeben, wie der Leser weiter vordringen kann, wo immer sich Kontroversen ergeben haben und wie der Autor zu ihnen steht. Dies geschieht mit Klarheit und Eleganz der Sprache, ohne humorlose Pedanterie und Langeweile, so dass auch Gegner und Zweifelnde zur Prüfung der Sachverhalte angeregt werden.

Salomon, L. M.; Anheier H. K.: The Emerging Sector – An Overview, The Johns Hopkins University, Baltimore 1994.
Nonprofit organizations, which collectively make up the emerging sector, have an increasingly influential role in the economies and societies of countries throughout the world. This book, the product of comprehensive international research into the sector, offers an international overview of its scope, structure, financing and role. The authors provide a comparative summary of the findings of individual empirical analyses into the nonprofit sectors in 12 countries. They explore the global scale of the sector, its sources of revenue, and differences between the countries analyzed.

Sander, M.: Marketing-Management. Märkte, Marktinformationen und Marktbearbeitung, Stuttgart 2004.
Dieses Buch stellt umfassend die wesentlichen Sachverhalte des Marketing dar: Die Informationsgrundlagen wie auch die Marktbearbeitung. Neben des Grundgedanken des Marketing sowie des Marketing-Managements werden das Verhalten von Marktteilnehmern, sämtliche Schritte der Marktforschung, die Marktsegmentierung sowie die Erstellung von Marktprognosen behandelt. Darüber hinaus werden die Teilfunktionen des Marketing-Management eingehend erörtert.

Satzung des Deutschen Caritasverbandes e. V. in der Fassung vom 16. 10. 2003, Berlin 2003.

Satzung des Diözesancaritasverbandes Rottenburg-Stuttgart in der Fassung vom 18. 10. 1997, Stuttgart 1997.

Scheibe-Jäger, A.: Modernes Sozialmarketing, Regensburg 2002.
Praktische Erfolge können vor allem erzielt werden durch marktorientiertes Denken und professionelles Handeln. Dieses Buch gibt Hinweise für aufgeschlossene Einsteiger und engagierte Fortgeschrittene aus der Sozialwirtschaft! Bewährte Marketing-Instrumenten dienen dazu, systematisch zu planen und konsequent vorgehen – die Zukunft soll gezielt gestaltet werden. Dazu bietet das Buch Checklisten und umfangreiche Handlungsanleitungen zur direkten Umsetzung.

Schneck, O.: Lexikon der Betriebswirtschaft, München 1993.
Dieses Nachschlagewerk mit seinen 2.500 Stichwörter und mehr als 200 Abbildungen erklärt kompetent, präzise und leicht verständlich das Wichtigste aus Personal- und Unternehmensführung, Informationswirtschaft, Produktion, Investition und Finanzierung, Bilanzierung und Kostenrechnung, Steuern, Marketing, Beschaffung und Logistik.

Schulze, M.: Profit in Nonprofit-Organisationen. Ein betriebswirtschaftlicher Ansatz zur Klärung der Definitionsdiskussion, Dissertation, Wiesbaden 1997.

Schwarz, P.: Organisation in Nonprofit-Organisationen. Grundlagen, Strukturen, Bern, Stuttgart und Wien 2005.
Dieses Werk vertieft das Thema Aufbau-Organisation im Freiburger Management-Modell. Es legt das Schwergewicht auf eine bis in Einzelheiten gehenden Beschreibung und Analyse der vielfältigen (typischen) NPO-Strukturen. Gestaltungsprobleme und deren Lösungsmöglichkeiten werden mit Hilfe von Modellen, Heuristiken, Empfehlungen und Entscheidungskriterien eingehend erörtert und damit deren Anwendung auf praktische Fragenstellungen erleichtert.

Schwarz, P.; Purtschert, R.; Giroud, Ch.: Das Freiburger Management-Modell für Nonprofit-Organisationen, 3. Auflage, Bern 1999.
»Nonprofit but Management« – diese Kurzformel umschreibt das Anliegen des Buches. Um ihr Grundanliegen zu erfüllen, nämliche den Bedürfnissen der Mitglieder und Klienten optimal zu genügen, müssen Nonprofit-Organisationen ein effizientes Management betreiben. Das »Freiburger Management Modell für NPO« (Universität Freiburg, Schweiz) bietet eine systematische Einführung in dieses Thema. Es vermittelt durch seinen ganzheitlichen Ansatz die Grundlagen und einen Ordnungsraster für das Verständnis der NPO-Management-Probleme und ihrer Lösungen.

Seibel, W.: Funktionaler Dilettantismus. Erfolgreich Scheiternde Organisationen im »Dritten Sektor« zwischen Markt und Staat, Baden-Baden 1992.
Diese Studie untersucht die Ursachen von Steuerungs- und Kontrollversagen im halbstaatlich-gemeinnützigen Bereich. Sie versucht zu erklären, warum Organisationen in diesem Bereich versagen und trotzdem »überleben« können.

Smith, A.: Der Wohlstand der Nationen, München 1994.
Adam Smith (1723 – 1790) gilt als schottischer Nationalökonom und Philosoph. Er schrieb mit seinem Hauptwerk »Der Wohlstand der Nationen« nicht nur die Bibel der modernen Wirtschafts- und Politikwissenschaften. Es ist vor allem ein zutiefst philosophisches Buch, das die Möglichkeiten von Freiheit und Gerechtigkeit für den Einzelnen in einem Gemeinwesen zum Gegenstand hat.

Statistisches Bundesamt: Bevölkerung Deutschlands bis zum Jahr 2050; Ergebnisse der 10. koordinierten Bevölkerungsvorausberechnung, Wiesbaden 2003.

Statistisches Landesamt Baden-Württemberg: Was Sie schon immer mal wissen sollten ... Baden Württemberg – ein Portrait in Zahlen, Stuttgart 2004.

Statistisches Landesamt Baden-Württemberg, Statistik Aktuell, Ausgabe 2005, Stuttgart 2005.

Stoll, B.: Balanced Scorecard für Soziale Organisationen, Regensburg und Berlin 2003.
Betriebswirtschaftliche Managementkonzepte sichern den Bestand und die Leistungen Sozialer Organisationen; sie tragen auch zur optimalen Ausschöpfung ihrer Ressourcen bei. Dieses Handbuch zeigt, wie das Steuerungsinstrument Balanced Scorecard (BSC) für das ausgewogene ziel- und qualitätsorientierte Management in Sozialen Organisationen effektiv genutzt werden kann. Die mehrfach ausgezeichnete Autorin stellt Wege für den konstruktiven und gewinnbringenden Einsatz der BSC vor.

Strachwitz, R. Graf (Hrsg.): Dritter Sektor – Dritte Kraft. Versuch einer Standortbestimmung, Stuttgart 1998.
Die Autoren dieser Publikation versuchen eine erste Bestimmung des Begriffs »Dritter Sektor« vorzunehmen. Neben dem grundsätzlichen Verständnis des Begriffs »Dritter Sektor« werden dessen »Organisationsformen« wie auch die Menschen, die sich im Dritten Sektor engagieren, betrachtet. Darüber hinaus werden die Spannungsfelder, die zwischen dem Dritten Sektor, dem Staat und dem Markt bestehen, thematisiert wie auch der ökonomische Aspekte, also die Finanzierung und den Wettbewerb im Dritten Sektor. Die Aufsatzsammlung schließt mit sechs Abfassungen zum Themenfeld Dritter Sektor und Zivilgesellschaft.
Beitrag:
• Haibach, M.: Spezifika der Finanzierung des Dritten Sektors.

Sutor, B.: Politik, Paderborn 1994.
Dieses Lehr- und Arbeitsbuch arbeitet mit einer Vielzahl an Lernhilfen wie Schaubilder, statistische Übersichten und Karikaturen. Originalzitate- und texte machen aus dem teilweise recht trockenen Stoff eine durchaus interessante Lektüre. Die Themenvielfalt des Buches reicht dabei von politischen Theorien und Grundbegriffen über die gesamte Innenpolitik und Wirtschaftspolitik bis hin zu internationalen Beziehungen. Dabei versucht der Autor stets, ein objektives Bild zu vermitteln, ohne aber auf konkrete Aussagen zu verzichten oder nicht auch einmal Extreme zu verdeutlichen.

Tiebel, C.: Strategisches Controlling in Non Profit Organisationen, München 1998.
Non-Profit-Organisationen befinden sich u. a. durch Sparmaßnahmen und die Gesundheitsreform in einer Zwangsposition: Betriebswirtschaftliches Denken und Handeln muss verstärkt eingeführt werden. Dieses Buch adaptiert das Controlling für Non-Profit-Unternehmen und berücksichtigt dabei Aspekte der Philosophie von Non-Profit-Unternehmen.

Ulrich, P.: Integrative Wirtschaftsethik, 2. Aufl., Bern, Stuttgart und Wien 1998.
Integrative Wirtschaftsethik ist eine philosophische Vernunftethik des Wirtschaftens, der es um Orientierung im politisch-ökonomischen Denken geht. Neu an diesem wirtschaftsethischen Ansatz ist, dass er sich weder mit der Verteidigung der »Moral des Marktes« noch mit der Rolle als »das Andere der ökonomischen Sachlogik« begnügt. Das Normative steckt immer schon im ökonomischen Denken. Dieses selbst ist daher kritisch auszuleuchten und in den Kontext der Fragen des guten Lebens und des gerechten Zusammenlebens der Menschen zu stellen. Entfaltet wird eine wegweisende Perspektive der lebensdienlichen Wirtschaftsgestaltung.

Urselmann, M.: Fundraising. Erfolgreiche Strategien führender Nonprofit-Organisationen, 3. überarbeitete und erweiterte Auflage, Bern, Stuttgart und Wien 2002.
Ein erbitterter Verdrängungswettbewerb um Spendengelder zwingt Non-Profit-Organisationen zu konsequenter Professionalisierung ihrer Mittelbeschaffung, unter Experten Fundraising genannt. Aufbauend auf den Ergebnissen einer umfangreichen empirischen Untersuchung der 100 größten deutschen Spendenorganisationen gibt der Autor dieses Buches Non-Profit-Organisationen interessante Handlungsempfehlungen zur professionellen Gestaltung zentraler Elemente ihres Fundraising. Zahlreiche Beispiele und Checklisten helfen dem Leser, die Empfehlungen auf die Situation seiner eigenen Organisation zu übertragen und anzuwenden.

Vanberg, V.: Zum gegenseitigen Vorteil, Artikel in: Frankfurter Allgemeine Zeitung vom 28. 12. 2002

Voß, A.: Betteln und Spenden. Berlin und New York 1992.
Diese Publikation enthält eine soziologische Studie über Rituale freiwilliger Armenunterstützung, ihre historischen und aktuellen Formen sowie ihre sozialen Leistungen.

Wickert-Institute, Spenden-Report, Hildesheim 1995.

Wiebe, G.: Merchandising Commodities and Citizenship on Television, in: Public Opinion Quarterly 15, 1952.

Wieland, J.; Conradi, W.: Corporate Citizenship. Gesellschaftliches Engagement – unternehmerischer Nutzen, Marburg 2002.
Der vorliegende Band setzt sich mit Corporate Citizenship als Unternehmens- und Managementaufgabe auseinander. Im Zentrum der Publikation stehen die Ergebnisse einer international vergleichenden empirischen Untersuchung über Konzepte und Instrumente zur

operativen Umsetzung von Corporate Citizenship-Programmen in der Unternehmenspraxis. Der Focus der Untersuchung, die auf einer repräsentativen Befragung verschiedener Entscheidungsebenen in den Unternehmen basiert, liegt dabei auf dem Vergleich USA/Deutschland. Siemens und BASF zeigen in ausführlichen Fallstudien, wo die Herausforderungen des bürgerschaftlichen Engagements im Unternehmen liegen.
Beitrag:
• Seitz, B.: Corporate Citizenship: Zwischen Idee und Geschäft.

Wieland, J.: Corporate Citizenship Management. Eine Zukunftsaufgabe für Unternehmen!?

Zentralinstitut für kirchliche Stiftungen (zks), Gemeinnützige Stiftungen 2000, Repräsentativerhebung im Bundesgebiet, Mainz 2000.

Zimmer, A.; Priller, E.: Gemeinnützige Organisationen im gesellschaftlichen Wandel. Abschlussbericht des Projekts der Hans Böckler Stiftung: Arbeitsplatzressourcen im Nonprofit-Sektor. Beschäftigungspotenziale, -strukturen und -risiken, Münster 1999.
In diesem Band werden anhand umfangreicher empirischer Befunde die arbeitsmarktrelevanten Funktionen des Dritten Sektors aus der Sicht gemeinnütziger Organisationen untersucht. Insbesondere wird die Fragestellung untersucht, ob gemeinnützige Organisationen die in sie gesetzten Erwartungen als Wachstumsbranche des Arbeitsmarktes in Deutschland erfüllen.

Zimmer, A; Priller, E.: Der Dritte Sektor: Wachstum und Wandel. Aktuelle deutsche Trends. The Johns Hopkins Comparative Nonprofit Sector Project, Phase II, Bertelsmann Stiftung, Gütersloh 2001.
Bürgerschaftliches Engagement, Gemeinnützigkeit und Stiften genießen gegenwärtig große Aufmerksamkeit. In das Bewusstsein der Öffentlichkeit rückt dabei zunehmend der Dritte Sektor. Dieses Buch ist der Versuch der »Sichtbarmachung« dieses Sektors in Deutschland. Seine Größe, interne Strukturierung und zivilgesellschaftliche Bedeutung werden anschaulich dargestellt. Besonders berücksichtigt wird die Konstituierung des gemeinnützigen Bereiches in den neuen Bundesländern nach der Wiedervereinigung. Die sozioökonomische Beschreibung des Sektors beruht im Wesentlichen auf den Ergebnissen der deutschen Teilstudie des Johns Hopkins Comparative Nonprofit Sector Project, das die Entwicklung des Dritten Sektors international vergleichend quantitativ erfasst hat. »Der Dritte Sektor« stellt damit die politische und wissenschaftliche Diskussion um eine neue gesellschaftliche Aufgabenverteilung auf eine solide Grundlage.

Online-Quellenverzeichnis
http://www.aktion-mensch.de/organisation/, Zugriff am 02.05.06 und 13.06.06
http://allpr.de/1375/DaimlerChrysler-lobt-neuen-Standort-Flugfeld-Boeblingen-Sindelfingen.html, Zugriff am 03.08.05
http://www.caritas-rottenburg-stuttgart.de, Zugriff am 24.04.06

http://www.caritas.de/2227.html, Zugriff am 24. 04. 06

http://www.dbresearch.de/servlet/reweb2.ReWEB?rwkey=u899730, Zugriff am 15. 07. 2005

http://www.drk.de/wer-wir-sind/index.htm, Zugriff am 12. 06. 06

http://www.faz.net/s/Rub050436A85B3A4C64819D7E1B05B60928/Doc~ECBAC4FA82 28640ABAD820B7DF241EB97~ATpl~Ecommon~Scontent.html, Zugriff am 12. 01. 06

http://www.kirchenaustritt.de/statistik, Zugriff am 24. 04. 06

http://www.kirchensteuern.de/tafel2.htm, Zugriff am 24. 04. 06

http://www.lobbyist.de/management/verband-zur-marke.htm, Zugriff am 22. 05. 03

http://www.markensoziologie.de/Markeninvasion%20Markeninflation.htm, Zugriff am 09. 01. 06

http://www.novartisfoundation.com/de/projekte/zugang-gesundheit/lepra/marke-ting/soziales-marketing.htm, Novartis Stiftung für nachhaltige Entwicklung, Zugriff am 22. 07. 2005

http://www.sinus-sociovision.de, Zugriff am 26. 04. 06

http://www.sos-kinderdoerfer.de, Zugriff am 24. 04. 06

http://www.unicef.ch, Zugriff am 19. 12. 2005

Nährlich, S.: Eine Chance für die Bürgergesellschaft.
Online unter:
http://www.aktive-buergerschaft.de/vab/informationen/newsletter/artikelsammlung/2005-09-08.php, Zugriff am 14. 09. 05

Ronzheimer, M.: Dritter Sektor und Zivilgesellschaft, in: BerliNews, vom 21. Juni 2001.
Online unter:
http://www.berlinews.de/archiv/2071.shtml, Zugriff am 26. 04. 06

Zeppernick, R.: Soziale Marktwirtschaft – Modell für ein internationales Wirtschafts-system, Hrsg. Konrad-Adenauer-Stiftung e. V.
Online unter:
http://www.kas.de/proj/home/pub/37/1/year-2004/dokument-id-5261/index.html, Zugriff am 25. 04. 06

Kommission der Europäischen Gemeinschaften: Mitteilung der Kommission betref-fend die soziale Verantwortung der Unternehmen: ein Unternehmensbeitrag zur nachhaltigen Entwicklung, Brüssel 2002.
Online unter:
http://europa.eu.int/eur-lex/lex/LexUriServ/site/de/com/2002/com2002-0347de01.pdf, Zugriff am 6. 3. 06

Autorenverzeichnis

Prof. Dr. Klaus Koziol ist Leiter der Hauptabteilung Medien und Öffentlichkeitsarbeit der Diözese Rottenburg-Stuttgart und als Ordinariatsrat in der Diözesanleitung tätig. Er ist Initiator und Gründer des Instituts für Social Marketing in Stuttgart und Inhaber der deutschlandweit ersten Stiftungsprofessur für Social Marketing an der Katholischen Hochschule für Sozialwesen in Freiburg/Br.

Publikationen (Auswahl):
»Leben unter Vorbehalt? Mensch, Gesellschaft, Netzkommunikation, München 2001«; »Die Tyrannei der mediengerechten Lösung. Zur Weltaneignung durch Massenmedien, München 2000«; »Die Markengesellschaft«, Wie Marketing Demokratie und Öffentlichkeit verändert, Konstanz 2006.

Prof. Dr. Waldemar Pförtsch lehrt und forscht im Bereich International Business und Marketing an der Hochschule Pforzheim (Hochschule für Gestaltung, Technik und Wirtschaft) und an der University of Illinois at Chicago (UIC). Seine Praxiserfahrungen erwarb er in Großunternehmen in Deutschland und in den USA. Prof. Pförtsch war Partner bei der Arthur Andersen Management Beratung, Stuttgart und der LEK Consulting, London/München.

Publikationen:
»Die Marke in der Marke – Bedeutung und Macht des Ingredient Branding«, Berlin 2006; »B2B Markenmanagement«, München 2005; »Living Web. Erprobte Anwendungen, Strategien und zukünftige Entwicklungen im Internet«, Landsberg 2002; »Mit Strategie ins Internet. Qualifizierung als Chance für Unternehmen«, Nürnberg 2002.

Steffen Heil ist Geschäftsführer des Instituts für Social Marketing. In dieser Funktion ist er beratend für Unternehmen des Dritten Sektors sowie für Wirtschaftsunternehmen tätig. Darüber hinaus engagiert er sich als Lehrbeauftragter für Marketing und Kommunikation in der Hochschulausbildung. Steffen Heil leitete ein Forschungsprojekt zum Thema Corporate Citizenship und die damit verbundene Vor-Ort-Recherche im Silicon Valley, Californien, USA.

Kathrin Albrecht arbeitet bei der Stabsstelle Fundraising des Bischöflichen Ordinariates in Rottenburg und ist darüber hinaus für das Institut für Social Marketing tätig. Als Diplom-Betriebswirtin (FH) »Schwerpunkt Marketing und Kommunikation« sowie cand. Master of Arts »International Management in Non-Profit-Organizations« ist Kathrin Albrecht für die strategische Kommunikations- und Fundraisingarbeit der zu betreuenden Organisationen und Stiftungen zuständig.

Institut für Socal Marketing GmbH

Das Institut für Social Marketing wurde im Jahr 2003 gegründet. Seitdem bietet es einem kontinuierlich wachsenden Kundenkreis seine Beratungsleistungen, Umsetzungshilfen und Produkte an.

Die Kernkompetenzen des Instituts für Social Marketing sind:

- Einsatz von Social Marketing als strategisches Instrument der Unternehmensführung
- Positive und glaubhafte Positionierung von Unternehmensmarken in den relevanten Zielgruppen
- Entwicklung von Ansätzen, Ideen und konkreten Maßnahmen für den authentischen Einsatz von Corporate Citizenship
- Betreuung und Initiierung von Partnerschaften zwischen Wirtschaft, Drittem Sektor, Öffentlicher Hand und Gesellschaft
- Beratung unter stetiger Einbeziehung wissenschaftlicher Erkenntnisse.

Darüber hinaus engagiert sich das Institut in der Hochschulausbildung sowie in der Aus- und Weiterbildung. Es ist Herausgeber von Publikationen als praxisorientierte Umsetzungshilfen innerhalb seiner Kernkompetenzen und betreut wissenschaftliche Arbeiten zu innovativen und relevanten Themenbereichen.

Das Team des Instituts setzt sich aus Personen der Wirtschaft, des Sozialen und der Wissenschaft zusammen. Es besteht sowohl aus langjährig erfahrenen sowie aus jungen Mitgliedern. Diese Zusammensetzung aus Personen unterschiedlicher Disziplinen und die Tatsache, junge Ideen mit Hilfe langjähriger Erfahrung zu bewerten und umzusetzen, ermöglichen innovative und kreative Lösungen für Partner und Kunden des Instituts.

Sachwortregister

A

Ablauf der Kommunikation 82
Absatzwege 61
- direkte 61
- indirekte 61
AIDA-Modell 84
Aktionsfeldziele 55, 122
Alleinstellungsmerkmal 48
Allgemeine Wertvorstellungen 53, 121
Anzeigen 74, 140
Assoziationen 98
Aufbau und Arten von Zielen 51
Auflage 76
Außenwerbung 75, 142
- Allgemeinstellen 75
- Ganzstellen 75
- Großflächen 75
- mobile; Außenwerbung 75
- Spezialstellen 75

B

Balanced Scorecard 88
Banner 73
Begründung (Reason Why) 86
Bekanntheitsgrad 96
Benefit 106, 125
Bereichsziele 55, 122
Beschäftigungszuwächse 20
Beziehungsgefüge der Marktteilnehmer/
    Akteure 11
Bring-Prinzip 61
Bruttosozialprodukt 21

C

Caritas-Stiftung »Lebenswerk Zukunft« 2
Chancen 48, 120
Controlling
- operatives 87
- strategisches 88
Copy Strategie 86
Corporate Citizenship 25
- Corporate Giving 25
- Corporate Volunteering 25
Corporate Identity 62, 128

- Corporate Behavior 64, 66, 129
- Corporate Communications 64, 69, 131
- Corporate Design 64, 66, 129

D

Definition einer Non-Profit-Organisation
    16
Demografie 46, 116
Direktmarketing 77, 144
Display 142
Distributionspolitik 60, 127
Dritter Sektor 14

E

Effektivitäts- und Effizienzorientierung 31
Eisberg-Modell (Bojenmodell) 101
Empirische Kommunikationsforschung 82
Erfolgskontrolle 36, 86, 146
Erster Sektor 12

F

Finanzierung von NPO 26
Flyer 71, 134
Füllanzeigen 74, 140

G

Gemeinwirtschaftlichkeitsprinzip 17
Gemeinwohlorientierung 24, 29
Geografie 46, 116
Geschäftsausstattung 69
Gewinnerzielungsabsicht 54

H

Hemisphärenforschung 83
Hol-Prinzip 61
Homepage 72, 139

I

Imagebroschüre 70
Imagegewinn 26
Imagery 83
Imagevorteile 25
Instrumentalziele 56, 123
Ist-Positionierung 38, 57

K

Kampagnen-Marketing 6, 7
Kennzahlen 42
Kernkompetenzen 48
Keyword-Advertising 73
KISS 85
Kommunikation
- direkte 82
- indirekte 82
- integrierte 81
Kommunikationsbudget 128
Kommunikationspolitik 62, 128
Konsumentenansprache 84

L

Logo 67, 129

M

Management- und Organisationsdefizite 26
- Management-Können 27
- Management-Tun 27
- Management-Wollen 27
Management-Orientierung 31
Marke 1, 64, 94
Marken-Leistung 106, 124
Markenbekanntheit 73
Markenimage 102, 104
- Markenbild 102, 104
- Markenguthaben 104
Markenkernwert 37, 105, 124
Markenstrategie 64
- Dachmarkenstrategie 65
- Einzel- oder Produktmarken 65
- Familienmarken 65
- Unternehmensmarken 64
Marketing 5
- für gemeinnützige Ziele und Ideen 6
- von Non-Profit-Organisationen 5
- von Wirtschaftsunternehmen mit sozialer Komponente 6
Marketing- und Kommunikationskonzept 32
Marketing-Mix 35, 58, 126
Marketingkonzept 33
Marketingorientierung 31
Marketingziel 55
Markt 9
Markt- und Meinungsforschung 46
Marktabgrenzung 42
Marktanalyse 42, 110
Marktökonomische Ziele 55
Marktpsychologische Ziele 55
Marktteilnehmer 9, 42
Marktwirtschaft 13

Maßnahmenplan 35, 58, 126
Media-Analysen 76
Mediaplanung 76
Medien 74
Mission 31, 53, 121

N

Nachhaltigkeits-Marketing 6, 8
Non-Profit-Organisation (NPO) 3, 10
Non-Profit-Unternehmen 1
Not-for-Profit-Organisation 4
Nutzen (Benefit) 86

O

Öffentlichkeit 10, 29
Operative Ziele 34
Organisationstypen und -formen 17

P

Paretoeffizienz 24
PEST-Analyse 40, 108
Plakate 75, 142
Polaritätenprofil 98
Politik/Staat 10
Positionierung 30, 37, 57, 96, 106, 124, 125, 126
Positionierungsprofil 107
PR-Instrumente 79
- Informationssysteme für Mitarbeiter 79
- Pressearbeit 79
- Print- oder Druckerzeugnisse 79
- Unternehmenseigene Veranstaltungen (Events) 79
Preispolitik 59, 127
- direkte 59
- indirekte 59
Produktpolitik 58, 126
Profit-Organisationen (PO) 9
Psychografie 46, 116
Public Relations (Öffentlichkeitsarbeit) 78, 145

Q

Qualitative Ziele 51
Qualitativer Erfolg 147
Quantitative Ziele 50
Quantitativer Erfolg 146

R

Rahmenbedingungen 40
Realisierung 35, 126
Reason Why 106, 125
Reichweite 46
Risiken 49, 120

S

Schwächen 48, 119
Situationsanalyse 34, 36, 93
Situationsbewertung 34, 47, 117
Slogan 68, 129
Social Marketing 1, 3, 4, 29
- -kontrolle 7
- -maßnahmen 7
- -situationsanalyse 7
- -strategie 7
- Formen des 5
- Methoden des 7
Social Marketingprozess 1, 2, 33, 91
Social Marketingtableau 2, 91
Social Sponsoring 81
Soll-Positionierung 57
Soziale Komponente 6
Soziale Marktwirtschaft 8, 14
Soziale Milieus 46
Soziale Werbung 70
Soziales Kapital 10
Sozialkampagnen 8
Sozialwesen 26
Spendenprojekte 127
Sponsoring 80, 145
Staatsquote 13
Stärken 48, 118
Stichprobe 97
Stifterdarlehen 91, 127
Stifterplattform 91
Stifterpotenzial 113
Stiftung 91, 110
Stiftungsfond 91
Stiftungskapital 92
Stiftungsmarkt 110
Stiftungswesen 19
Strategie 35, 123
Strategische Pyramide 33
Strategische Ziele 34
Streuverluste 76
Strukturmerkmale einer Non-Profit-
   Organisation 16
SWOT-Analyse 47, 89, 117
- Chancen 47
- Risiken 47
- Schwächen 47
- Stärken 47

T

Tonalität 45, 86, 125
Treuhandstiftung 91, 126

U

Umfeldanalyse 40, 108
Umfrage 97
Unternehmens- und Markenanalyse 36, 93, 108
Unternehmensumfeld 40
Unternehmensziele 54, 121
Unternehmenszweck 53, 121
USP (Unique Selling Proposition) 48, 63

V

Verantwortung 29
Vereinswesen 19
Vision 34, 53, 121

W

Werbe- Imagebroschüre 132
Werbebotschaft 70
Werbebrief (Direct Mailing) 77
Werbemittel 70
Werbemittelstreuung 76
Werbeträger 74, 76
Werbewirkung 84
Werbung 69, 132
Wertschöpfung 13
Wesen von Zielen 50
Wettbewerber
- direkte 44, 115
- indirekte 44, 115
Wettbewerbsanalyse 43, 114
Wettbewerbskräfte 43
Win-Win-Situation 23, 30
Wohlfahrtförderung 24

Z

Zieldimensionen 51
Ziele 50
Zielgruppe 45
Zielgruppenanalyse 45, 115, 117
Zielpyramide 52
Zielsetzung 35, 50, 121
Zukunfts- und Zielorientierung 31
Zustiftung 91, 127
Zweiter Sektor 12